1. 西瓜工厂化育苗
2. 定植后缓苗
3. 嫁接苗定植后砧木萌蘖
4. 西瓜伸蔓期

1. 西瓜压蔓
2. 西瓜植株调整
3. 西瓜开花期
4. 西瓜坐瓜期

1. 西瓜成熟期
2. 西瓜吊瓜
3. 西瓜地膜覆盖栽培
4. 西瓜小拱棚栽培

1. 西瓜大棚地膜覆盖栽培
2. 西瓜大棚多层覆盖栽培
3. 西瓜大棚高畦双行定植
4. 西瓜早春地膜覆盖棚架栽培

西瓜
实用栽培技术

XIGUA SHIYONG ZAIPEI JISHU

陈碧华　郭卫丽　豁泽春　编著

中国科学技术出版社

·北京·

图书在版编目（CIP）数据

西瓜实用栽培技术 / 陈碧华，郭卫丽，豁泽春编著 . —北京：中国科学技术出版社，2017.1（2018.2 重印）

ISBN 978-7-5046-7390-9

I.①西… Ⅱ.①陈… ②郭… ③豁… Ⅲ.①西瓜－瓜果园艺 Ⅳ.① S651

中国版本图书馆 CIP 数据核字（2017）第 000464 号

策划编辑	张海莲　乌日娜
责任编辑	张海莲　乌日娜
装帧设计	中文天地
责任校对	刘洪岩
责任印制	马宇晨

出　　版	中国科学技术出版社
发　　行	中国科学技术出版社发行部
地　　址	北京市海淀区中关村南大街16号
邮　　编	100081
发行电话	010-62173865
传　　真	010-62173081
网　　址	http://www.cspbooks.com.cn

开　　本	889mm×1194mm　1/32
字　　数	100千字
印　　张	5.875
彩　　页	4
版　　次	2017年1月第1版
印　　次	2018年2月第2次印刷
印　　刷	北京威远印刷有限公司
书　　号	ISBN 978-7-5046-7390-9 / S·620
定　　价	18.00元

（凡购买本社图书，如有缺页、倒页、脱页者，本社发行部负责调换）

$\mathcal{C}$ontents 目 录

第一章
西瓜生长发育特性

西瓜别名水瓜，学名 *Citrullus vulgaris* Schard.，葫芦科 1 年生蔓性草本植物，为葫芦科瓜类所特有的一种肉质果实。果实外皮光滑，呈绿色或黄色，有花纹，瓜瓤多为红色或黄色（罕见白色）。西瓜果实大，汁多，味甜，含有丰富的矿物盐和多种维生素。据测定，每 100 克瓜肉中含水分 86.5～92 克、总糖 7.3～13 克、碳水化合物 6.1 克、蛋白质 0.4 克、果胶 0.8～2 克、抗坏血酸 4.7～10.7 毫克。西瓜对高血压、心脏病、肝炎、肾炎及膀胱炎等均有不同程度的辅助疗效。瓜瓤可做罐头，瓜汁可酿酒，瓜皮可做蜜饯、果酱并可提取果胶，种子可炒食、榨油。

据记载，西瓜起源于非洲南部的卡拉哈里沙漠，早在 6 000 年前古埃及就已种植。欧洲广泛种植后，经陆路从西亚经伊朗、帕米尔高原，沿古代"丝绸之路"传

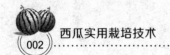

入我国新疆地区，后传入北部少数民族地区，南宋时期经河北传入河南、陕西等中原地区栽培，距今已有800多年的栽培历史，目前全国各地广泛种植。

一、植物学特征

西瓜为双子叶开花植物，植株形状像藤蔓，叶片呈羽毛状，所结果实为瓠果。植株由营养器官和生殖器官构成，营养器官有根、茎、叶，生殖器官有花、果实、种子。

1. 根

根是吸收水分和矿物质的主要器官，可直接参与有机物质的合成。西瓜根系由主根、多级侧根、不定根及无数根毛组成。主、侧根的作用是迅速扩大根系的入土范围，占据较大的营养面积；而根毛则是吸收水分和养分的重要器官。西瓜根系发达，在土层深厚、透气性好的土壤里，主根深达1米以上，侧根可达20余条，侧根上又分生多级次生根向四周水平方向伸展，半径达1.5米左右。但其主要根系分布在30～50厘米的耕作层内。

西瓜茎蔓与湿润土壤接触1周后，即从茎节处长出不定根，并分生侧根和根毛，具有吸收养分、水分和固定瓜蔓的作用。

西瓜根系木质化程度较低，但木栓化程度较高，新生根纤细脆弱，易损伤，再生能力较差。因此，育苗移栽时，最好采用营养钵或营养土育苗，以减少根系损伤，保证成活。西瓜根系具有好气性，生长需要较好的通气条件。因此，西瓜最适宜在沙质土壤栽培；在黏土地上种植，常因通气不良而造成植株生长瘦弱、产量低。西瓜根系不耐涝，在地下水位高和长期水淹的情况下，根系呼吸受阻，引起生理功能失调，造成植株死亡。因此，在阴雨连绵时要注意排涝，水位高的地方要采用高畦栽培。

西瓜根系生长的适宜地温为28℃～32℃，最高温度为38℃，最低温度为10℃。根毛发生的最低10厘米地温为13℃～14℃，根毛伸长的最低10厘米地温为6℃～10℃。生产中早春直播或育苗时要特别注意提高地温。西瓜根系对土壤酸碱度的要求是pH值5～7，过低会限制根系对某些矿物质元素的吸收，发病率提高；过高对根系生长不利。

2.茎

西瓜的茎为草本蔓性。幼苗期节间短缩，叶片紧凑，呈直立状。植株生长4～5片真叶后节间伸长，匍匐生长。茎的分枝性强，每个叶腋均能形成分枝，可形成3～4级侧枝。在主蔓上2～5节叶腋间形成的子蔓，长势接近主蔓，植株结瓜后，分枝生长势减弱。茎蔓的作用是支撑叶片，着生果实，将根、叶、果实等器官连成一体，将根部吸收的水分和矿物质元素通过木质部输送到叶、花、果实等器官，同时通过韧皮部将叶片制造的光合产物输送到根和果实等器官，以供应根系和果实等器官生长发育和正常生理活动。另外，茎蔓本身也能制造和储存一部分养分。

3.叶

西瓜叶片有子叶和真叶 2 种。子叶有 2 片，呈椭圆形。子叶的大小与种子的大小有关，在真叶长出之前，子叶是唯一的光合作用器官，为幼苗发育提供物质和能量。因此，幼苗期保护子叶，延长子叶的功能期，是培育壮苗的重要措施。真叶即通常所指的叶片。西瓜真叶由叶柄、叶脉和叶片组成，单叶，互生。一般西瓜品种的叶片为掌状深裂，个别品种为全缘叶（板叶）。叶面蜡质，密生茸毛，是减少水分蒸发和蒸腾作用，适应干旱条件的生态特征。叶片正、反面均有气孔，但正面蜡质层较厚，茸毛和气孔较少。因此，病菌易从叶背面侵入，在喷药和根外追肥时，应主要喷施叶背面，以利于吸收利用。叶片是西瓜生长发育、开花结瓜所需营养物质的主要合成场所，具有同化、吸收、蒸腾等方面的功能。生产中保护叶片，防止叶片早衰，延长叶片寿命是西瓜优质高产的关键措施。

4.花

西瓜一般为雌雄同株异花（单性花），少数为雌雄两性花。两性花内的雌蕊、雄蕊均有正常的生殖能力，因此在杂交制种时应注意除去雄蕊，以防自交。西瓜的花器由萼片、花瓣、雄蕊、雌蕊组成。一般萼片为 5 枚，呈绿色，花瓣为 5 枚，呈黄色。雄花花冠大而色深，雌花花冠小而色淡。雄蕊的花药为 3 枚、扭曲。雌花子房下位，柱头先端 3 裂，与子房内心皮数相同。西瓜属虫媒花。雌花的柱头和雄花的花药都有蜜腺，能引诱蜜蜂等昆虫传粉，因此田间放蜂可提高西瓜坐瓜率。

西瓜花芽分化较早，在 2 片子叶充分发育时，第一朵雄花花芽就开始分化。当第二片真叶展开时，第一朵雌花分化，为花朵性别的决定期。4 片真叶期为理想坐瓜节位的雌花分化期。育苗期间的环境条件，对雌花着生节位及雌、雄花的比例有着密切的关系。较低的温度，特别是较低的夜温有利于雌花的形成。在 2 叶期以前，日照时数短，可促进雌花的发生。充足的营养、适宜的土壤水分和空气湿度，可以有效地增加雌花的数目。另外，施用植物生长调节剂（如乙烯利等）可有效地影响雌花的分化。

西瓜花的寿命较短，一般仅数小时。在通常情况下，无论雌花还是雄花，当天开放的花生命力最强，在上午 9 时以前授粉受精结瓜率高，上午 9 时以后授粉受精结瓜率明显降低。西瓜花粉发芽的适温为 20℃～25℃，气温过高（35℃以上）、过低（15℃以下），或多雨、干燥，均会影响花粉粒的发芽和花粉管的伸长。在正常情况下，花粉授到柱头上经 10～20 分钟便可发芽；2 小时后花粉管可伸入柱头；5 小时后伸入柱头中部和分歧处；10 小时后至柱头基部；24 小时后便可伸入胚珠，

完成受精过程。

西瓜开花、授粉与坐瓜是否顺利，由两方面的因素决定：一是植株的营养状况。植株健壮，功能叶片大而多，雌、雄花花冠大，发育正常，开花、授粉与坐瓜就顺利。二是外界条件。天气晴朗，气温较高，昆虫活动频繁，则利于开花、授粉与坐瓜。

5.果　实

西瓜果实为瓠果，是由子房发育而成。整个果实由瓜皮、瓜肉和种子组成。果实的大小品种间差异很大，大的可达15～20千克，如江西的抚州西瓜等品种；而小的只有0.5～1千克，如红小玉、黄小玉等品种。果实形状有圆形、高圆形、短椭圆形、长椭圆形等。瓜皮有的无细网纹，如澄选1号品种；有的有细网纹，如富研品种；有的是条纹花皮，如京欣1号、郑杂5号品种；有的具有隐条纹。底色一般为绿色，深浅因品种而异，具深绿色或墨绿色条带，条带又分窄带和宽带，如蜜宝品种。另外，还有黄皮品种。瓜肉有乳白、黄、深黄、淡红、玫瑰红与大红等颜色，肉质有疏松和致密之分，前者沙瓤，易空心，不耐贮运；后者不易空心、脆瓤。瓜皮厚度及硬度因品种而异。

西瓜果实由下位子房发育而成，瓜皮由子房壁发育而成。瓜皮的最外层为排列紧密的表皮细胞，表皮上有气孔，外面有一层角质层，表皮下有8～10层叶绿素带细胞或无色细胞，即为外瓜皮。紧挨外瓜皮的是由已经木质化的石细胞所组成的机械组织，其厚度和木质化程度决定品种间瓜皮的硬度。其内是无色、组织紧密、多水不甜的肉质薄壁细胞组织。瓜肉由胎座组织发育而成，主要由薄壁细胞组成，细胞间隙大，形成大量巨型含汁薄壁细胞。

6.种 子

西瓜种子为胚珠发育而成，由种皮、幼胚和2片肥大的子叶构成。种皮厚而硬，用于保护幼胚和子叶，因此播种前应进行浸种催芽。西瓜种子有扁平形和宽卵圆形，表皮光滑或有裂纹、斑块，色泽有白、黄、黑、红、褐等多种。种子的大小因品种而不同，特大籽千粒重约250克，中等籽千粒重50～60克，小粒种子千粒重10～40克。一般单瓜内种子数为200～500粒，多的达700粒，少的有150粒左右。西瓜种子，在冷凉、干燥、密封条件下寿命达7～8年，在一般条件下仅为2～3年。

二、生物学特性

西瓜从种子萌发到形成新的种子经历了营养生长和生殖生长的全过程，一般需要80～130天。在其一生中可明显划分为发芽期、幼苗期、伸蔓期和结果期4个阶段。各个阶段有不同的生育中心，并有明显的临界特征。

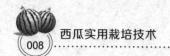

1.发 芽 期

从播种到第一片真叶显露的过程为发芽期（图1-1）。在15℃～20℃条件下，一般需8～10天。此期生长所需养分主要依靠种子储藏在子叶内的营养物质，地上部干物质重量很少。胚轴是生长中心，根系生长较快，生理活动旺盛。子叶是此期的主要光合器官，其光合及呼吸强度都高于植株旺盛生长时期真叶的强度，而且其蒸腾强度却小于真叶的强度。生产中应保证种子发芽所需的温度、湿度和氧气条件，以培育壮芽和壮苗。

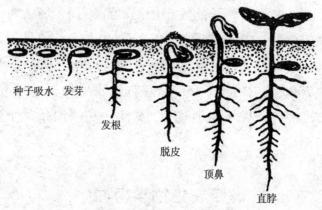

种子吸水 发芽

发根

脱皮

顶鼻

直脖

图1-1 西瓜种子发芽过程

2.幼 苗 期

自第一片真叶显露到团棵为幼苗期。团棵时幼苗有5～6片真叶，是幼苗期和伸蔓期的临界特征，在20℃～25℃适温条件下，需25～35天。在此期间，真叶露心至第三片真叶出现后，由第一、第二片真叶提供幼苗生长所需的养分。待第五片真叶出现后，由第三、第四片真叶为幼苗生长提供养分。根系生长较快，并有花原基分化。主要栽培措施是多中耕，提高土壤温度，并保持一定的土壤湿度。在第二片真叶展平时，可追施少量速效氮肥。及时清除杂草，加强病虫害防治。

3.伸蔓期

从团棵到主蔓上理想坐瓜节位（主蔓上第二或第三雌花）雌花开放为止称伸蔓期。在20℃～25℃适温条件下，需18～20天。此期的生长特点是植株由直立生长转为节间迅速伸长，叶面积增长快，根系形成基本达到高峰，吸收肥水能力增强。到此期结束时，茎蔓日伸长可达到10～20厘米，雌、雄花相继孕蕾并有花朵开放。主要栽培措施是在继续促进和保护根系发育的基础上，促使茎蔓生长健壮，形成面积大、光合强度高的营养体系。同时，控制徒长，以促进生殖生长。

4.结 瓜 期

从理想坐瓜节位雌花开放到果实的生理成熟为结瓜期。在25℃～30℃适温条件下，需28～45天。此期间果实发生"褪毛"和"定个"等形态变化。据此临界特征，可进一步分为坐瓜期、膨瓜期、变瓢期。

（1）**坐瓜期**　从理想节位雌花开放到果实褪毛为坐瓜期。在适温条件下，需4～6天。此期的生长发育特点：一方面茎蔓继续旺盛生长，另一方面果实开始膨大，是以营养生长为主转向以生殖生长为主的转折阶段。主要栽培措施是及时整枝、压蔓，适当控制浇水，以防营养生长过旺。同时，进行人工授粉，促使适时适量结瓜，提高坐瓜率。

（2）**膨瓜期**　从果实褪毛到定个为膨瓜期。在适温条件下，需15～25天。此期的生长发育特点果实体积迅速膨大，重量剧增，吸收肥水最多，消耗量也最大。叶片开始衰老，营养生长十分缓慢，易感病。主要栽培措施是加强肥水管理，扩大和维持叶面积，延长叶片光合作用时间。适时进行留瓜、摘心、扪尖，以集中养分供果实生长。

（3）**变瓤期**　从果实定个到生理成熟为变瓤期。在适温条件下，需7～10天。此期的生长发育特点是种仁逐渐充实并着色，果实含糖量逐渐升高，果实比重下降。植株快速衰老，基部老叶开始脱落，茎蔓尖端重新开始伸长（结二茬瓜的一般在此期开花坐瓜）。此期对产量影响不大，是决定西瓜品质的关键时期。主要栽培措施是避免损伤叶片，防止蔓、叶早衰，保持叶片的同化功能。停止浇水，注意排除积水，同时进行垫瓜、翻瓜，以提高西瓜品质。

三、对环境条件的要求

西瓜生长发育的适宜环境条件是温度较高，日照充足，供水及时，空气干燥，土壤肥沃、疏松。

1. 温　度

西瓜是喜温耐热、极不耐寒、遇霜即死的作物。生长发育适温为18℃～32℃，在这个范围内，温度越高，同化能力越强，生长越快。西瓜生长发育的最低温度为10℃，最高温度为40℃。西瓜不同生育期对温度的要求也不同，发芽期最适宜温度为28℃～30℃，最低温度为15℃；幼苗期最适宜温度为22℃～25℃，最低温度为10℃；伸蔓期最适宜温度为25℃～28℃，最低温度为10℃；结瓜期最适宜温度为30℃～35℃，最低温度为18℃。西瓜全生育期所需≥10℃有效积温为2 500℃～3 000℃，其中从雌花开放到该果实成熟所需≥10℃有效积温为800℃～1 000℃。另外，西瓜在特定栽培条件下，对温度也有一定的适应范围，如在冬春温室或大棚内种植西瓜，夜温8℃、昼温38℃～40℃，昼夜温差在30℃时仍能正常生长和结瓜。西瓜适于大陆性气候，在适宜温度范围内，昼夜温差大有利于西瓜生长发育，特别有利于果实糖分的积累。然而当夜温低于15℃时果实生长缓慢，甚至停止生长。一般来说，坐瓜前要求较小的昼夜温差，坐瓜后要求较大的昼夜温差。

2.光 照

西瓜对光照的反应十分敏感，在阳光充足的条件下，幼苗胚轴短粗，子叶浓绿肥厚，株形紧凑，节间和叶柄较短，茎蔓粗，叶片大而浓绿。在连续阴雨、光照不足条件下，幼苗子叶黄化，失去制造养分的功能而僵化死亡。植株节间和叶柄较长，叶狭长形，叶片薄而色淡，机械组织不发达，易发生病害，影响养分的积累和果实的生长，果实含糖量显著降低。西瓜要求每天光照时数为 10～12 小时，8 小时以下不利于生长发育。西瓜的光饱和点，幼苗期为 8 万勒左右，结瓜期为 10 万勒以上；光补偿点均为 6 400 勒。因此，在生产中应减少遮阴，改善瓜田光照条件。

3.水 分

西瓜全生育期需水量很大，但由于西瓜拥有深而广大的根系，所以又具有很强的耐旱性。据测定，每株西瓜在全生育期中需耗水 1 000 升，每形成 1 克干物质需蒸发水分 700 毫升。西瓜开花结瓜期对水分最敏感，此期缺水，则子房发育受阻，影响坐瓜。果实膨大期是西瓜需水临界期，此期缺水，易使果实变小，产量降低。据有关资料报道，西瓜生长发育适宜的土壤相对含水量为 60%～80%，不同生育期有所不同。幼苗期为 65% 左右，伸蔓期为 70% 左右，果实膨大期为 75% 左右。西瓜根系不耐水渍，水淹约 24 小时，根系就会腐烂，造成全田植株死亡，因此生产中应注意及时排涝。

4. 土　壤

西瓜根系有明显的好气性，团粒结构良好的土壤才能有足够的氧气供其正常生长发育。西瓜对土壤的适应性很广，沙土、壤土、黏土均可种植，但以河岸冲积土和耕作层深厚的沙质壤土为最适宜。西瓜适宜的土壤 pH 值为 5～7，较耐盐碱，但土壤含盐量达 0.2% 以上时则不能生长。在酸性强的土壤上种植西瓜易发生枯萎病。

5. 养　分

西瓜是需肥水较多的作物，所吸收的矿物质养分以氮磷钾三要素为最多。生长前期吸收氮多，钾少，磷更少，以后钾逐渐增加，到褪毛期氮和钾的吸收量接近，到膨大期和变瓤期吸收的钾大于氮。西瓜全生育期吸收钾多，氮次之，磷更少，吸收氮、磷、钾的比例约为 3.28 : 1 : 4.33。二氧化碳是植株进行光合作用的重要原料，要保持西瓜较高的光合作用，空气中二氧化碳浓度应保持在 1 000～1 500 微升 / 升，生产中增施有机质肥料和碳素化肥，可提高二氧化碳的浓度。

第二章
西瓜品种介绍

一、礼品西瓜主栽品种

1. 彩虹瓜之宝

创新型高档礼品西瓜，瓜形玲珑美观，瓜瓤红橙色、乳黄色相间，横切显花瓣，纵切似彩虹。肉质细嫩多汁，入口即化，中心可溶性固形物含量高达 13.5% 以上，甜味直到瓜皮。1 株可结多瓜，单瓜重 1.5～2 千克，装箱销售，每箱 3～4 个瓜，供不应求。特别推荐西瓜种植园区、家庭农场、旅游观光园、春秋大棚、早春温室种植。

2. 玲珑瓜之宝 2 号

翠绿皮上具清晰细条带，瓜形玲珑可爱，瓜肉鲜红艳丽，瓤质酥脆，中心可溶性固形物含量高达 14.5%，单瓜重 1.5 千克左右，皮薄而硬韧，在多次西瓜评比中均获得最佳品质奖。适于春秋大棚种植。

3. 豫艺袖珍红宝

早熟高档礼品西瓜，椭圆形或短椭圆形，单瓜重 1.8～2.5 千克，花皮，瓜肉大红色，中心可溶性固形物含量高达 13%，口感脆甜，品质特好。瓜皮薄，韧性好，不易裂果，耐低温弱光，特别推荐园区春秋大棚种植。

4. 锦霞八号

椭圆形花皮彩瓤西瓜，但不同于彩虹瓜之宝，有其独特的卖点。生长稳健，耐低温，低温条件下花芽发育较好，易坐瓜，坐瓜整齐，果实发育期 26 天左右，单瓜重 2～3 千克，硬脆爽口，回味清香，中心可溶性固形物含量高达 14%。皮薄且极韧，不易空心，不易厚皮，很少发现倒瓤和裂瓜现象，正常情况下体重 100 千克的人踩不裂，2 000 千米运输不烂瓜，常温保存 15 天不变质。该品种精品瓜率高、采摘期和货架期长，有很好的市场发展前景。

5. 豫艺黄肉京欣

早熟、花皮黄肉、中果型礼品西瓜，单瓜重 3～4 千克。正常肥水条件下不易裂瓜，肉质酥脆，甜而多汁，口感极佳，有奶油香味，被誉为"奶油西瓜"，比普通京欣西瓜市场售价高。适合全国大多数区域露地种植。

6. 美 秀

中国农业科学院蔬菜花卉研究所与北京中蔬园艺良

种研究开发中心培育，为小型西瓜一代杂种。植株生长势强，第一雌花平均节位 7.3，平均果实发育期 32.9 天。单瓜重约 1.5 千克，果实椭圆形，果形指数约 1.22。瓜皮绿色覆细齿条纹，覆蜡粉，皮厚约 0.6 厘米，瓜皮较脆。瓜肉红色，中心可溶性固形物含量约 11.1%，中边糖度差约 2.3%，口感好。果实商品率约 93%，每 667 米^2 产量约 3 000 千克。立体栽培，每 667 米^2 育苗用种量 150 克。双蔓或单蔓整枝，每 667 米^2 栽植 1 800～2 500 株。多施有机肥，坐瓜后增施磷、钾肥。采收前 7～10 天控水，以增加果实糖度。

7. 京 玲

北京市农林科学院蔬菜研究中心育成，小型无籽西瓜一代杂种。植株生长势强，第一雌花平均节位 9，果实发育期约 35.5 天。单瓜重约 1.89 千克，果实高圆形，果形指数约 1.05。瓜皮绿色覆细齿条纹，覆蜡粉，皮厚约 0.8 厘米，瓜皮韧。瓜肉红色，中心可溶性固形物含量约 10.7%，中边糖度差约 2.2%。果实商品率约 97%。每 667 米^2 产量 3 000～3 400 千克。选择沙壤土地块种植，三蔓整枝，每 677 米^2 栽植 800 株左右，株距 45 厘米，行距 180 厘米。主蔓 3～4 雌花留瓜，用普通二倍体西瓜授粉，每株留 1 个瓜。每 667 米^2 基施腐熟农家肥 2 500 千克、三元复合肥 10～20 千克。膨瓜期每 667 米^2 追施尿素和硫酸钾 10 千克（比例为 1：1）。

8. 京　秀

北京市农林科学院蔬菜研究中心育成，"早春红玉"类型。早熟，果实发育期26～28天，全生育期85～90天。植株生长势强，果实椭圆形，绿底色，锯齿形窄条带，果实周正美观。单瓜重1.5～2千克，每667米²产量2500～3000千克。瓜肉红色，肉质脆嫩，口感好，风味佳，籽少。中心可溶性固形物含量13%以上，糖度梯度小。

9. 小玉8号

湖南省瓜类研究所培育，早熟小西瓜类型。春季栽培全生育期85天左右，果实发育期25天左右，夏秋栽培全生育期65天左右。植株生长势和分枝力均强，主蔓第一雌花出现在5～7节，雌花间隔3～4节，坐瓜性好。果实长椭圆形，果形指数1.6左右，瓜皮深绿色有墨绿色条带，皮厚0.7厘米左右。瓜肉黄色，肉质脆。果实中心可溶性固形物含量9.6%～13.2%，品质优。平均单瓜重1.8千克，每667米²产量3000千克左右。适合在湖南、安徽、河南、山东、陕西、四川、江西等地区保护地栽培。

10. 甜宝小无籽

北京市农业技术推广站培育，属杂交一代小型无籽西瓜品种。田间生长势较强，主蔓8～9节出现第一雌花，雌花间隔4～5节。果实发育期34天左右，平均单瓜重2千克以上，果实圆形，果形指数约1，果实表面光滑亮丽，底色鲜绿，上覆盖深绿色规则形窄条带，外形美观。果实大小一致，整齐度好。红瓤，中心可溶性固形物含量可达 12% 以上、边部 8% 以上，质地细脆，口感好，无籽性好。瓜皮厚约 0.76 厘米，皮韧，耐贮运。易坐瓜，连续结瓜能力强。抗病、抗逆性较强，适应性广。

11. 秀 丽

安徽省农业科学院园艺研究所培育。早熟，果实发育期 24～25 天。易坐瓜，适宜生产多茬瓜。果实外皮鲜绿色，瓜瓤深红色，中心可溶性固形物含量达 13% 以上、边部约 11%。单瓜重 2～2.5 千克，每 667 米² 产量高达 4 500 千克。

12. 丽 兰

安徽省农业科学院园艺研究所培育。早熟，果实发育期 24～25 天。皮特别薄，黄瓤，肉嫩。中心可溶性固形物含量达 13% 以上、边部约 10%。单瓜重约 2.5 千克。适合春秋保护地栽培。

13. 京 阑

北京市农林科学院蔬菜研究中心育成。特早熟黄瓤小型西瓜一代杂种，果实发育期 25 天左右。前期低温弱光条件下生长快，易坐瓜，适宜于保护地越冬和早春栽培。可同时坐 2～3 个瓜，单瓜重 2 千克左右，皮超薄，皮厚 3～4 毫米。瓜皮翠绿覆盖细窄条，瓜瓤黄色鲜艳，酥脆爽口，入口即化，中心可溶性固形物含量 12% 以上，品质优良。适于保护地立架栽培。

14. 京 颖

北京市农林科学院蔬菜研究中心育成，"早春红玉"

类型。早熟，果实发育期 26 天左右，全生育期 85 天左右。易坐瓜，耐裂瓜，耐贮运。植株生长势强，果实椭圆形、周正美观，平均单瓜重 2 千克，每 667 米^{2}产量 2 500～3 000 千克。瓜肉红色，肉质脆嫩，口感好，糖度高，中心可溶性固形物含量高达 15%，糖度梯度小。

15. 皇　冠

北京中农绿亨种子科技有限公司培育（引自日本）。果实高圆球形，瓜皮鲜黄并覆盖深黄色条带，单瓜重 2.5～3 千克。瓜肉红色，肉质甜脆，口感好，可溶性固形物含量约 13%，中边糖度梯度小。

16. 爱　娘

北京中农绿亨种子科技有限公司培育（引自日本）。果实高圆形，单瓜重 2～2.5 千克，肉质脆硬，瓜皮底色绿且覆有墨绿色条带。瓜肉红色，可溶性固形物含量约 13%，中边糖度梯度小。

17. 夏　橙

北京中农绿亨种子科技有限公司培育（引自日本），早熟。果实高圆形，单瓜重约 2 千克，瓜皮底色绿且覆有墨绿色条带。瓜肉亮橙色，肉质硬脆，可溶性固形物含量 13%～14%，口感特好，坐瓜性好。

18. 香　秀

中国农业科学院蔬菜花卉研究所与北京中蔬园艺良种研究开发中心培育。小型礼品西瓜，早熟，瓜皮薄

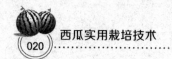
韧。较耐贮运，抗病性、适应性强。皮绿底有墨绿条带，红瓤。

19. 蜜童小型无籽

荷兰先正达种苗公司培育。植株生长势旺，分枝力强，每株可坐 3～4 个瓜。果实高圆形，条带清晰。瓜肉鲜红色，纤维少，汁多味甜，质细爽口，耐空心，不易裂瓜，无籽性好。皮厚约 0.8 厘米，耐贮运。平均单瓜重 2.5 千克，每 667 米^{2}产量 2 500～3 000 千克。抗病抗逆性好。

20. 圣女红 2 号

上海市农业科学院园艺研究所育成，小型西瓜一代杂种。植株生长势强，第一雌花平均节位 7.6，平均果实发育期 34.7 天。单瓜重约 1.8 千克，果实椭圆形，果形指数约 1.33。瓜皮绿色覆细齿条纹，覆蜡粉，皮厚约 0.5 厘米，瓜皮较脆。瓜肉粉红色，中心可溶性固形物含量约 10.6%，中边糖度差约 2.4%。果实商品率约 96%，每 667 米^{2}产量 3 200 千克左右。提倡立体栽培，单蔓整枝株距 22～25 厘米，双蔓整枝株距 35～40 厘米，人工辅助授粉。采收前 7～10 天控水。生产中应施足基肥，重施膨瓜肥。

21. 早春红玉

日本进口品种。极早熟，叶片中等，易坐瓜。瓜肉大红色，肉质细脆，中心可溶性固形物含量达 14% 左右。瓜皮薄，单瓜重约 2.5 千克，每 667 米^{2}产量 2 000 千克以上。低温弱光条件下仍能稳定坐瓜，结瓜整齐，皮色艳丽，品质好，抗病性强。

22. 丽 兰

安徽省农业科学院园艺研究所育成的优质多抗黄瓤小型西瓜新品种。极早熟，全生育期81～83天，果实发育期27～28天。单瓜重2.5千克左右，每667米^{2}产量3000千克左右。果实高圆球形，瓜皮薄、深绿色、上面有多条锯齿状条带。瓤黄色，纤维少，细嫩多汁，中心可溶性固形物含量12.5%～13%，中边糖度梯度小，籽少。瓜皮韧性强，耐贮运。耐低温弱光，耐湿，抗枯萎病、疫病和炭疽病。适宜春秋季大棚和露地栽培。

23. 甜 妞

安徽省农业科学院园艺研究所育成。极早熟品种，果实发育期25天左右。果实短椭圆形，皮浅绿覆细条纹，果实圆正丰满，植株长势中庸，抗病耐湿，易栽培，适宜特早熟设施栽培。瓜肉黄色，肉质脆爽，汁多，中心可溶性固形物含量13%左右，口感香甜，籽少，风味佳。单瓜重2～3千克。皮薄且韧，耐贮运。

二、普通西瓜主栽品种

1. 京欣1号

中日合作选育的中早熟杂交一代西瓜品种，是一个经久不衰的老品种。植株生长势较弱，叶片中等大小。耐低温性强，耐湿，耐弱光，适应性广，非常适合设施栽培。全生育期 90～95 天，果实发育期 28～30 天。单瓜重 5～6 千克，每 667 米^{2}产量 4 000～5 000 千克。肉质脆沙，肉色桃红，纤维量极少，爽口，可溶性固形物含量 11%～12%。果实圆形，有明显的绿色条带。皮较脆，不耐长途运输。

2. 京欣 2 号

北京京研益农科技发展中心培育。果实圆形，有浅绿色宽条纹，外表似京欣 1 号，但瓜面条纹更明亮。植株生长势中等，中早熟，全生育期 90 天左右，果实发育期 28 天左右，中心可溶性固形物含量 12% 以上。瓜瓤粉红色，肉质脆嫩，口感好，风味佳，皮薄耐裂，耐运输。高抗枯萎病兼抗炭疽病，坐瓜性好。单瓜重 6～8 千克，每 667 米^{2}产量 4 500 千克左右。早春保护地栽培低温弱光条件下坐瓜性好、整齐，膨瓜快，不易厚皮起棱。适合全国各地保护地早熟栽培。

3. 黄皮京欣 1 号

北京京研益农科技发展中心培育，中早熟黄皮西瓜一代杂种。全生育期 90 天左右，果实发育期 28 天左右。生长势中等，坐瓜性特强，保护地立架栽培或爬地栽培每株留 2 个瓜。果实圆形，皮色金黄、鲜艳，条纹不明显，不易出现绿斑。瓜瓤红色，肉质沙嫩，口感好，中心可溶性固形物含量 12% 以上，少籽。耐贮运，高抗枯萎病，兼抗炭疽病。露地栽培单瓜重 4 千克左右。适合设施及露地早熟栽培。保护地早熟栽培，应采用其他西瓜品种的雄花授粉，以防歪瓜。

4. 早抗丽佳

安徽丰乐种业育成。早熟种，开花至成熟 30 天左右。果实圆形，瓜皮翠绿色，底上覆盖墨绿色条带。瓤鲜红色，肉质细脆，中心可溶性固形物含量 12% 左右，口感好，风味佳。单瓜重 5～7 千克。植株生长势稳健，抗病、抗逆性较强，适应性广。适宜地膜覆盖和大小拱棚早熟栽培。

5. 华 欣

北京京研益农科技发展中心培育。中早熟、丰产优质、耐裂新品种，全生育期 90 天左右，果实成熟期 30 天左右，生长势中等。果实圆形，绿底有条纹，有蜡粉。瓜瓤大红色，口感好，甜度高，中心可溶性固形物含量 12% 以上。皮薄，耐裂，不易起棱、不易空心，商品率高，单瓜重 8～10 千克。适合保护地和露地栽培。

6. 津花 2010

天津科润蔬菜研究所培育的京欣类新品种。早熟，是适宜保护地嫁接栽培的专用品种。该品种克服了嫁接西瓜皮厚、空心、畸形瓜等缺陷，耐裂果，低温条件下果实发育快，坐瓜后 28 天成熟。果实圆正，条带细而不断，底色绿，单瓜重 6～8 千克，中心可溶性固形物含量 12% 左右，皮厚约 1 厘米，瓜瓤红色，肉质脆，品质优。抗叶部病害能力强。适宜大棚和小拱棚嫁接栽培。

7. 京欣 4 号

北京京研益农科技发展中心培育。早熟、优质、耐裂、丰产新品种。果实发育期 28 天左右，全生育期 90 天左右。植株生长势强，抗病，坐瓜容易。果实圆形，绿底覆墨绿色窄条纹，外形美观，单瓜重 7～8 千克。剖面红肉均匀，中心可溶性固形物含量约 12%。皮薄，耐贮运，肉质脆嫩，口感佳。与京欣 1 号相比，耐裂性高，糖度高，瓤色更红。适于早春小拱棚、露地和秋大棚栽培，可远距离运输。

8. 京欣 7 号

北京京研益农科技发展中心培育。中早熟、丰产、优质、耐裂新品种。果实发育期 32 天左右，全生育期 95 天左右。植株生长势稳健，坐瓜性好。果实圆形，瓜皮绿色覆黑色条纹，有瓜霜。瓜肉大红色，肉质脆，中心可溶性固形物含量 11.5% 以上，品质佳。单瓜重 7～9 千克，丰产性强，瓜皮薄，耐裂。适于全国各地保护地及露地高产栽培。

9. 改良京美

北京市农林科学院蔬菜研究中心育成。早熟、丰产、优质、抗裂西瓜一代杂种。全生育期 85 天左右，果实成熟期 26 天左右。易坐瓜，植株生长势中等。果实高圆形，墨绿底隐条纹，有蜡粉。瓜瓤大红色，口感好，甜度高，中心可溶性固形物含量 12% 以上。皮薄，耐裂，不易起棱空心，商品率高，单瓜重 4～6 千克。适合保护地和露地栽培。

10. 改良京丽

北京市农林科学院蔬菜研究中心育成。早熟、丰产、优质、抗裂西瓜一代杂种。全生育期85天左右，果实成熟期26天左右。易坐瓜，植株生长势中等。果实长椭圆形，墨绿色底隐条纹，有蜡粉。瓜瓤大红色，口感好，甜度高，中心可溶性固形物含量12%以上。皮薄，耐裂，不易起棱空心，商品率高，单瓜重4～5千克。

11. 农科大5号

西北农林科技大学园艺学院培育，早熟一代杂种。全生育期92～95天，果实发育期28～30天。植株生长势较强，茎蔓粗壮，第一雌花节位在5～7节，坐瓜容易且整齐。果实圆形，瓜皮深绿色，覆墨绿色中细条带，皮厚约0.93厘米，硬韧，耐贮运。瓜肉红色，肉质细沙，汁多，纤维少，口感佳，中心可溶性固形物含量12%以上，中边糖度梯度小。单瓜重约6千克，每667米^{2}产量3 200千克左右。适宜北方早春设施栽培。

12. 新欣1号

河北省高碑店市蔬菜研究中心育成。早熟，生长势中等，果实发育期28天左右。果实近圆形，外形美观，皮色浅绿，上覆有深绿色清晰条带和蜡粉。皮薄有韧性，瓜肉红色，脆嫩多汁，籽少，中心可溶性固形物含量13%左右。单瓜重7千克以上，每667米^{2}产量4 000千克以上。抗病，耐低温弱光，瓜码密，易坐瓜。适合设

施栽培。

13. 京抗 1 号

北京市农林科学院蔬菜研究中心育成。植株生长势中等，中早熟，全生育期 85～90 天，果实发育期 30 天左右。果实圆形，底绿色，覆有明显的条纹，品质佳。瓜肉桃红色，中心可溶性固形物含量 11% 以上。瓜皮韧性强、厚约 1 厘米，耐裂、耐贮运。单瓜重约 5 千克，每 667 米^{2}产量 4 500 千克左右。抗病性较强。

14. 中科 1 号

中国农业科学院郑州果树研究所选育。特早熟，全生育期约 83 天，从坐瓜到果实成熟 24～26 天。植株生长势中等，极易坐瓜。果实圆正，底色深浅适中，条带细、整齐清晰，商品性极好。瓜肉深桃红色，肉质酥脆细腻，汁多，口感风味特好，中心可溶性固形物含量可达 12%。一般单瓜重 5～6 千克。适合设施、露地和嫁接栽培。

15. 中科 6 号

中国农业科学院郑州果树研究所育成的京欣类品种。特早熟，易坐瓜，外观靓丽，大红瓤，品质特好，耐裂瓜。瓜皮底色翠绿，略带瓜粉，条带细。肉质酥脆，汁多，中心可溶性固形物含量 13% 左右，品质特优。单瓜重 5～6 千克。适合设施和露地早熟栽培。

16. 郑抗 7 号

中国农业科学院郑州果树研究所选育，是郑抗 6 号的改良品种。早熟，全生育期83天左右，果实发育期23～25天。植株生长健壮，极易坐瓜，果实膨大速度快。瓜皮底色翠绿，条带整齐，果实外形美观。瓜肉大红色，中心可溶性固形物含量达12%，口感好，品质上等。瓜皮薄而硬，不裂瓜，耐运输。一般单瓜重6～7千克，有的达7千克以上。适于设施和地膜覆盖早熟栽培。

17. 郑抗8号

中国农业科学院郑州果树研究所选育。早熟，果实发育期28天左右。植株生长势较强，叶片浓绿色，耐湿性好，坐瓜性好，果实发育快。果实椭圆形，瓜皮墨绿色带有暗网纹。瓤大红色，肉质脆沙，汁多、纤维少，口感好，种子小而且少，中心可溶性固形物含量12%左右，品质上等。单瓜重6～7千克。不裂瓜，耐运输。

18. 汴 宝

河南省开封市蔬菜研究所选育。早熟，全生育期约85天，从坐瓜到果实成熟28天左右。生长势中等，极易坐瓜。果实椭圆形，绿皮网纹，商品性极好。瓜肉鲜红色，肉质脆爽，汁多，口感风味好，中心可溶性固形物含量12%左右，品质上等。单瓜重6～7千克。适合设施和露地早熟栽培。

19. 汴早露

河南省开封市蔬菜研究所选育。极早熟品种，全生育期75～80天，雌花开放到果实成熟25天左右。生长势偏中等，果实圆形，绿底上有深绿色细齿条纹，有蜡粉。瓜瓤红色，瓜肉脆嫩，口感好，甜度高，中心可溶性固形物含量 12% 以上。皮薄，耐裂性能较好，抗逆性强，单瓜重 6～8 千克。适合设施和露地早熟栽培。

20. 豫艺早花香

河南农业大学豫艺种业选育。早熟，坐瓜后 25～28 天成熟。植株生长稳健，瓜胎多，易坐瓜。膨瓜快，瓜瓤转红早，且转红快。瓜皮色条带清晰，瓜大小匀称适中，单瓜重 5～6 千克，商品率高，畸形瓜少。适宜春季大小棚及地膜覆盖栽培。

21. 国豫二号

耐低温，低温条件下瓜蔓仍生长正常，花粉多，易坐瓜且不易空心、不厚皮。瓤大红色，转红快，七成熟瓜瓤即开始转红，上糖快，可提早上市。口感好，糖度高，中心可溶性固形物含量可达 13%。果实圆正美观，瓜皮薄而硬韧，不裂瓜，耐贮运。产量高，单瓜重 7～8 千克，同样大小的瓜可比其他品种重 1～2 千克。是山东、河南、河北、陕西等地最受欢迎的大棚西瓜品种之一，在一些区域露地种植表现也特别优秀。

22. 国豫三号

果形饱满圆正，覆浓黑而清晰细窄条带，蜡粉明显，是目前市场上商品性最好的京欣类西瓜品种之一。瓤色大红、剖面均匀，口感脆爽，中心可溶性固形物含量可达 12.5%。果实膨大快，瓜个大，单瓜重 7～8 千克，果皮薄而硬韧，耐贮运。连续 3 年在全国各地重点区域推广种植，均表现优秀，是一个极具市场开发前景的好品种。

23. 豫艺甜宝

早熟，为口感特甜的京欣类西瓜品种，一般中心可溶性固形物含量达 12%，品质特好。膨瓜速度快，不易裂瓜，瓜个均匀，单瓜重 6 千克左右。抗病性强，最适于露地及麦瓜套、瓜棉套种植，在河南、河北、四川、云南等地已大量种植。

24. 国豫七号

新选育的细条带花皮圆瓜，坐瓜后约 30 天成熟。果实圆正美观，底色鲜绿干净，具深色细直条带。瓤大红色，剖面好，中心可溶性固形物含量达 12.5% 以上，糖度梯度小，风味纯正。具有良好的耐低温性状，不易空心，厚皮，不易裂瓜，单瓜重 7 千克左右。适宜大棚、小拱棚及早春露地种植。

25. 新机遇

创新型品种是连续多年稳产高产的大果型高产花皮西瓜。瓜个大，一般单瓜重 8～10 千克，大瓜高达 18 千克。叶片中小，抗性强，易坐瓜且坐瓜整齐。翠绿皮色、条带清晰，瓤大红色，品质佳。在河南、山东、河北、湖北、江苏、安徽、广东、广西等地均表现突出。

26. 精品花冠 908

花皮椭圆形西瓜，大粒种子，在低温逆境条件下成苗率高。瓜大、产量高，皮硬耐运，是优质大型西瓜品种。全生育期 105 天左右，果实丰满端正，单瓜重可达 8～10 千克，瓜瓤红色，少籽，糖度高，肉质脆甜，后味清香可口，中心可溶性固形物含量达 12%。

27.绿 之 秀

红沙瓤西瓜品种。大粒种子，出土能力强，根系特别强大，苗壮、耐旱能力强，抗病。易坐瓜，好管理，果实大，单瓜重可达 8～10 千克，每 667 米^{2}产量 5 000 千克以上。

28.龙 卷 风

豫艺龙卷风品种优势：抗性强且易坐瓜，易种植且产量高，品质好，好销售。纯度 98% 以上且整齐度好，种子饱满、发芽率高，专家育种性状表现稳定。

29.精品黑小宝

果形好，品质佳，中熟。坐瓜性好，瓜形饱满，瓜皮墨绿色，单果重 4～5 千克，瓜肉大红色，中心可溶性固形物含量高达 13%，瓜皮薄而硬韧，耐贮运性好，适应性广。2014—2015 年连续 2 年在福建、广西、广东、湖南、湖北等地种植表现良好。

30.豫艺红娃娃

高品质花皮西瓜，植株生长健壮，中早熟，在正常气候和良好管理条件下易坐瓜，坐瓜后 30 天左右成熟，单瓜重 7～10 千克。瓜短椭圆形，瓜瓤特别红艳，中心可溶性固形物含量可达 13%，肉质酥脆爽口，瓜皮薄而韧，耐贮运性好。

三、西瓜嫁接优良砧木品种

西瓜嫁接栽培不仅能有效地防治枯萎病，还能增强根系的吸收能力，提高根系的耐低温性，对提早上市和提高产量具有重要作用。目前，我国一般采用南瓜、葫芦作为砧木和无籽西瓜进行嫁接。

1. 长 瓠 瓜

我国南方地区采用早熟品种。果实长圆柱形、白绿色，植株生长势中等，早熟，坐瓜稳定，是西瓜早熟嫁接栽培的砧木品种。但其耐热耐寒性差，容易早衰，有时易发生急性凋萎。

2. 圆 葫 芦

大葫芦变种，果实圆形。植株生长势强，根系深，耐旱性强，适合于高温期西瓜嫁接栽培的砧木品种。

3. 相 生

从日本引进的西瓜专用嫁接砧木，是葫芦的杂交一代。嫁接亲和力强，植株生长健壮，较耐瘠薄，低温条件下生长性好，坐瓜稳定，适合于作早熟西瓜的砧木。

4. 新 土 佐

从日本引进，是印度南瓜与中国南瓜的杂交一代。与西瓜嫁接亲和力强，较耐低温，植株生长势强，抗病，早熟，丰产。

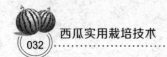
5. 勇　士

属于杂交一代野生西瓜品种。具有发达的根系和旺盛的生长势，耐湿耐旱性好，耐寒耐热性强，幼苗下胚轴不易空心。与西瓜嫁接亲和力好，共生亲和性强，成活率高。嫁接苗生长快，坐果早而稳。抗枯萎病，耐重茬，还可以减轻叶面病害。

6. 圣砧二号

美国引进品种，葫芦型杂交种。高抗枯萎病、炭疽病、凋萎病和根结线虫，嫁接亲和力好，共生性强，嫁接成活率高，嫁接栽培产量可提高 30% 左右。克服了其他西瓜砧木嫁接后带来的皮厚、瓜形不正、变味等缺点，对西瓜品质无不良影响。

7. 圣奥力克

美国引进品种，野生西瓜型杂交种。高抗枯萎病、炭疽病，嫁接亲和力好，共生性强，嫁接成活率高，耐低温，耐弱光，耐瘠薄。由于砧穗同属西瓜类，对品质无不良影响。

8. 青研砧木一号

山东省青岛市农业科学院蔬菜研究所选育的一代杂交种。抗枯萎病效果达到 100%，较耐低温，嫁接苗定植后前期生长快，有较好的低温伸长性和低温坐果性，具有促进生长、提高产量的效果，对西瓜品质无不良影响。

9. 京欣砧 1 号

北京京研益农科技发展中心培育，瓠瓜与葫芦杂交的西瓜砧木一代杂种。嫁接亲和力好，共生性强，成活率高。嫁接苗植株生长稳健，根系发达，吸肥力强。种子黄褐色，发芽整齐，出苗壮，下胚轴短粗且硬，实秆不易空心，不易徒长，便于嫁接。耐低温，表现较强的抗枯萎病能力，叶部病害轻。后期耐高温抗早衰，生理性急性凋萎病发生少，有提高产量的效果，对果实品质无不良影响。适宜早春栽培及夏秋高温栽培。

10. 京欣砧 2 号

北京京研益农科技发展中心培育。嫁接亲和力好，共生性强，成活率高。种子纯白色，千粒重150～160克。嫁接苗在低温弱光条件下生长强健，根系发达，吸肥力强，嫁接西瓜果实大，有促进生长提高产量的效果。高抗枯萎病，叶部病害轻。后期耐高温抗早衰，生理性急性凋萎病发生少，对果实品质影响小。适宜早春和夏秋栽培，适于西瓜、甜瓜嫁接。

11. 京欣砧 3 号

北京京研益农科技发展中心培育。嫁接亲和力好，共生性强，成活率高。种子褐色，千粒重150～160克。嫁接苗在低温弱光条件下生长强健，根系发达，吸肥力强，嫁接西瓜果实大，有促进生长提高产量的效果。高抗枯萎病，叶部病害轻。后期耐高温抗早衰，生理性急性凋萎病发生少，对果实品质影响小。适宜早春和夏秋西瓜、甜瓜嫁接栽培。

12. 京欣砧 4 号

北京京研益农科技发展中心培育。西瓜砧木一代杂种，种子小，发芽势好，出苗壮。与其他砧木品种相比，下胚轴较短粗且深绿色，子叶绿且抗病，实秆不易空心，不易徒长，便于嫁接，有促进生长提高产量的效果。高抗枯萎病，对果实品质影响小，对西瓜瓤色有增红功效。适宜早春西瓜嫁接栽培。

13. 京欣砧优

北京京研益农科技发展中心培育，瓠瓜与葫芦杂交的西瓜砧木一代杂种。嫁接亲和力好，共生性强，成活率高。嫁接植株生长稳健，根系发达，吸肥力强。种子小，发芽快，出苗壮，下胚轴短粗且硬，实秆不易空心，不易徒长，便于嫁接。抗枯萎病能力强，后期耐高温抗早衰，生理性急性凋萎病发生少。有提高产量的效果，对果实品质无不良影响。适宜早春栽培，也适宜夏秋高温栽培。

14. 甬砧 1 号

浙江省宁波市农业科学研究院培育。葫芦杂交种，早熟，中果型西瓜嫁接专用砧木。植株生长势中等，根系发达，下胚轴粗壮不易空心，嫁接亲和性好，共生亲和力强，耐低温、耐湿性强，早春生长速度快，高抗枯萎病和根腐病。嫁接后不影响西瓜品质，适合早春大棚和露地栽培。

15. 甬砧 3 号

浙江省宁波市农业科学研究院培育。葫芦杂交种，中果型西瓜长季节栽培嫁接专用砧木。植株生长势中等，根系发达，不易早衰，下胚轴粗壮不易空心。嫁接亲和性好，共生亲和力强，耐高温性强，高抗枯萎病，嫁接后不影响西瓜品质。

16. 甬砧 5 号

浙江省宁波市农业科学研究院培育。葫芦杂交种，小果型西瓜嫁接专用砧木。生长势较强，根系发达，不易早衰，下胚轴粗壮不易空心，嫁接亲和性好，共生亲和力强，耐低温性强，高抗枯萎病，嫁接后不影响西瓜品质。

17. 超丰 F_1

中国农业科学院郑州果树研究所育成。该品种幼苗下胚轴短而粗壮，嫁接亲和性好，成活率高。嫁接苗在低温条件下生长快，坐瓜早而稳。能促进早熟，提高产量，对西瓜品质无不良影响。属光籽葫芦型砧木，千粒重约130克，耐低温、高湿，适应性广。

18. 金 甲 田

北京中农绿亨种子科技有限公司培育。西瓜、甜瓜嫁接专用南瓜砧木杂交品种。高亲和力，高整齐度，高抗病性。籽粒白色，具有优良的嫁接性能。

19. 黄金搭档

北京中农绿亨种子科技有限公司引进。杂交白籽南瓜砧木，幼苗髓腔坚实，亲和力高，甜瓜、西瓜、黄瓜通用型，对接穗影响小。根系发达，对枯萎病等土传病

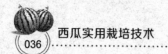
害免疫，并可显著提高接穗作物的耐寒和抗旱能力。

20.庆发西瓜砧木1号

黑龙江省大庆市庆农西瓜研究所育成。种子灰白色，种皮光滑，籽粒稍大，千粒重约125克。与西瓜共生亲和力强，愈伤组织形成快，成活率高。植株生长势强，根系发达，杂种优势显著。嫁接幼苗在低温条件下生长快，坐瓜早而稳。高抗枯萎病，耐重茬，叶部病害也明显减轻。可促进西瓜早熟和提高产量。

另外，还有强刚1号、强刚2号、超抗王、丰抗2号、丰抗4号、早生西砧、长寿砧木、铁甲砧木王、洋全力、超人、特选新土佐等西瓜嫁接砧木品种。

第三章

西瓜育苗

一、常规育苗技术

1. 育苗时间

早春棚室 10 厘米地温稳定在 15℃，室内气温不低于 10℃时方可定植。以此时间向前推 45～50 天（苗龄）为播种育苗时间。北方地区一般在 1 月底至 2 月初进行播种育苗。

2. 育苗设施

育苗期在寒冷的 1～2 月份时，必须采用加温设备才能保证苗期所需的温度。有条件的可用加温温室，即内有加温火道。也可采用保温性能好的日光温室，增设电热线或酿热物加温。无论是加温温室还是日光温室，都应在育苗前 15 天左右，加盖薄膜，夜间加盖草苫，以

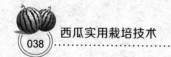
提高温室内地温和气温。

3. 设置苗床

一般采用温室内加小拱棚覆盖设置苗床。苗床要选择在背风、向阳、受光良好的地方，同时还要考虑到用电、用水、管理、移栽运输等是否方便。建床时，按每平方米床面育苗 100 株左右，苗床宽以 1.2～1.5 米为宜，长度可根据育苗数量确定，一般为 10～15 米。

（1）**电热温床**　将电热线铺设在苗床上，通过电热线加热，再通过自动控温仪来调节苗床温度，使苗床内幼苗保持生长所需的地温。电热线的功率一般为每平方米苗床 100 瓦。

（2）**酿热温床**　在拱形冷床底部，挖深 12～16 厘米，内垫厚约 10 厘米的酿热物，通过微生物分解有机质释放能量来提高苗床温度。

4. 配制营养土

对营养土的要求：土壤肥沃、疏松、保水保肥；无病菌、虫卵、杂草种子；无砖石和废塑料等。有机肥要充分腐熟、粉碎。营养土应提前数月配制，原料可用园土、稻田表土、风化河塘泥土、草炭、草木灰、人粪尿、厩肥等，再加过磷酸钙及少量尿素、硫酸钾等进行堆制。然后进行消毒处理。

生产中可按以下配方进行配制：①选用 50% 草炭、50% 肥沃田园土（3 年内未种过瓜类作物），去除杂质，过筛。每立方米营养土加入三元复合肥 1 千克、尿素 500

克、50%多菌灵可湿性粉剂100克，充分混合。②用充分腐熟的优质有机肥与3年内未种过瓜菜的田园土按1：1的比例进行配制。每立方米营养土加三元复合肥1千克、尿素500克、50%多菌灵可湿性粉剂100克，再加入益微菌剂100～200克，充分混合。③无土育苗。按蛭石加草炭1：3（体积比）的比例进行配制，每立方米基质加三元复合肥1千克、尿素500克、50%多菌灵可湿性粉剂100克，再加入益微菌剂100～200克，充分混匀，并细碎。

营养土消毒处理，可用40%甲醛100倍液喷洒，拌匀后覆盖塑料薄膜闷2～3天，然后摊开散发药味后使用。苗床底部用90%晶体敌百虫800倍液浇灌，可防止蚯蚓、蝼蛄等危害。

5.种子处理与播种

（1）**选种、晒种** 首先选择适栽品种，播种前进行种子挑选，要求使用子粒大小均匀，纯正饱满，无霉变、无残破的种子。在浸种前暴晒1～2天，每天晒3～4小时，以提高发芽率。

（2）**种子消毒** 可用55℃～60℃恒温水浸种15～20分钟。药剂处理可用40%甲醛100倍液浸种30分钟，或50%多菌灵可湿性粉剂500倍液浸种60分钟，或用50%代森铵水剂500倍液浸种30～60分钟。

（3）**浸种催芽** 西瓜种子用温汤浸种约需2小时，冷水浸种需4～6小时。种子经消毒、浸种后，再用清水反复冲净黏液和药液。在28℃～30℃条件下进行催芽，种子露白即芽长3～5毫米即可播种。

（4）**播种**　播种前苗床应进行药剂处理。营养钵应在播种前2天装入营养土，并浇透水。一般采用点播，1钵播1粒发芽的种子，种子平放，胚根朝下。播种后覆盖过筛湿润的田园土，覆土厚度要一致，厚约1厘米。不可过浅，否则易"戴帽"出土。播种后不用浇水，以保持土面疏松。早春育苗应抢晴天播种，采用地膜覆盖育苗。

6.苗期管理

播种后4～5天即可出苗。当苗破土后，营养钵内土壤出现裂缝，水分易散失，应及时覆一层过筛的湿润细土，并在白天把小拱棚揭开，以免引起高温烧苗。

（1）**温度管理**　一般采取变温管理。播种至发芽出土，需较高的温度，以加速出苗。因此，苗床应严密覆盖，白天充分见光提高苗床温度，夜间利用电热线增加地温，并加盖草苫保温。发芽出土前白天小拱棚内温度保持28℃～30℃，10厘米地温保持18℃以上；出苗后适当降温，白天温度保持20℃～25℃、夜间15℃～18℃，如果此间苗床温度过高，则下胚轴伸长，极易形成"高脚苗"。真叶展开后，下胚轴已不会过度伸长，可适当升温，白天保持温度25℃～28℃、夜间18℃～20℃，以促进幼苗生长。大田定植前1周左右，应逐渐降低苗床温度，揭膜通风炼苗，以提高幼苗的适应性。

电热温床育苗，白天利用日光加温，阴天和夜间均通电加温，播种至出土前 10 厘米地温应保持 18℃～25℃，真叶出现前每天傍晚加温 4～6 小时，温度保持 18℃～22℃，第一片真叶出现后外界气温升高，不再进行加温。

苗床通风应逐渐加强。首先揭两端薄膜，而后在侧面开通风口。通风口应设在背风处，以免冷风直接吹入伤苗。晴天应密切注意床温，及时通风降温，防止高温伤苗。苗床通风降温管理要避免两种倾向：一是不敢通风降温，结果造成苗床温度偏高，幼苗生长弱，适应性差；二是片面强调降温炼苗，过早揭膜，结果造成幼苗受低温影响生长缓慢，严重时造成僵苗和"老小苗"。生产中应根据当时的气候条件合理通风，要求幼苗 30～35 天苗龄时有 3～4 片真叶（自根苗）。

（2）**光照管理**　冬春时节育苗，应尽量争取多见光。可采用新膜覆盖，并保持薄膜表面清洁，增加透光率；在床温许可的范围内早揭膜，晚盖膜，延长光照时间；温暖晴天揭除薄膜等，均可有效改善苗床光照状况。利用加温温室或日光温室电热温床育苗，苗出土后，白天可揭开小拱棚和草苫，以增加光照时间。

（3）**肥水管理**　育苗前期苗床要严格控制浇水，以免降低苗床温度、增加湿度和引发病害。可采用覆盖细土减少水分蒸发的办法保墒，即当表土发白有缝隙时覆盖细土，增加土表湿度，保护根系，齐苗时再覆土 1 次。幼苗生长中后期，气温较稳定，通风量增大，土壤蒸发量相应增加，幼苗已有 1～2 片真叶时可适量浇水。通常于晴天午间进行浇水，浇水量不宜过多，浇水后待植株表面水分蒸发后再盖膜，以免苗床湿度过高。定植前浇1次透水，防止散坨伤根影响缓苗。

西瓜育苗期较短，通常不追肥。但育苗期间若温度较低，光照不足，特别是南方地区，育苗期间阴雨天较多，造成出苗慢，幼苗生长也缓慢，苗期则较长。如果苗床土不够肥沃，造成幼苗瘦弱、发黄，真叶小且不舒展，应采用叶面喷肥或灌根的方法补充营养。可叶面喷施0.2%尿素溶液，或0.2%磷酸二氢钾溶液，也可喷施叶面宝、喷施宝等叶面肥。

（4）**病虫害防治**　西瓜育苗期主要病害有猝倒病、炭疽病等，害虫主要有蚜虫等。病害采取预防为主的原则，在苗床管理上注意控制湿度，防止湿度过高引发病害。具体防治方法参照病虫害防治部分的相关内容。

二、嫁接育苗技术

1. 嫁接前的准备

（1）**选择适宜的砧木和接穗品种**　慎重选用适宜的砧木和接穗品种，根据不同嫁接方法的要求，详细了解砧木与西瓜接穗的生物学特性。

（2）**选择适宜的嫁接场所**　西瓜嫁接操作对场所有着严格的要求，嫁接场所要具有适宜的温度、湿度和光照等环境条件。

①温度　嫁接场所适宜的气温白天25℃～30℃、夜间18℃～20℃，10厘米地温22℃～25℃。温度低影响嫁接苗的伤口愈合，温度高易造成嫁接苗失水萎蔫，从而影响嫁接苗成活率。

②湿度　高湿度有利于嫁接苗伤口愈合，嫁接场所空气相对湿度须保持在90%以上，否则易造成嫁接苗失水萎蔫。

③光照　嫁接场所不能有光线直射，因此应在棚膜上加盖遮阳网，保持散射光照，达到嫁接苗的光照要求。

（3）**嫁接用具**　嫁接操作所需工具主要有刀片、竹签、嫁接夹、喷壶、清水、消毒药剂、木板、板凳等。刀片可用一般的双面剃须刀片，嫁接时将其一掰两半，分别使用。竹签在插接法中用来对砧木苗茎插孔和挑拨砧木苗心叶和生长点，大多采用薄竹片加工而成，长度10～12厘米、宽度0.3～0.5厘米，先端应根据砧木茎的粗度来定。嫁接夹目前市面上有两种：一种是圆口型，另一种是方口型。如果使用旧嫁接夹，要先用40%甲醛200倍液浸泡8小时消毒。消毒药剂一般使用50%多菌灵可湿性粉剂或75%百菌清可湿性粉剂500～800倍液。

（4）**营养钵和育苗盘**　根据西瓜嫁接砧木和接穗的需要，准备适宜大小的育苗营养钵和育苗盘，砧木播种在营养钵中，西瓜接穗播种在育苗盘中。一般西瓜嫁接砧木可采用8厘米×8厘米或9厘米×9厘米的营养钵，营养土不要装得太满，一般装至70%～80%即可。砧木也可播种在 72 孔的穴盘中。西瓜接穗播种可选用平底育苗盘。

（5）**营养土和苗床制作**　根据育苗方式选择适宜的育苗床，并按照西瓜砧木和接穗生长发育对营养条件的要求，配制优质的育苗营养土。具体方法与常规育苗相同。

2.嫁接方法

（1）**插接法**　又称顶插法，此法操作简单，操作工序少，嫁接速度较快，有利于培育壮苗。但对嫁接砧木和接穗要求较高，必须适期嫁接。

砧木较接穗提前播种 7 天，即砧木子叶出土后，进行接穗西瓜催芽播种，待西瓜苗子叶展开即为嫁接适期。苗床就地嫁接的，播种时种子应排列成行，出苗后子叶展开的方向与苗床平行，嫁接时操作方便；在室内嫁接的则应采用营养钵培育砧木苗。

嫁接操作可将砧木苗从苗床拔出在室内进行，也可直接在苗床就地进行。插接不需捆夹，可节约用工和成本，但对技术要求较高。插接工具为竹签和刀片。嫁接时先将砧木生长点去掉，方法是以左手的食指与拇指轻轻夹住砧木的子叶节，右手持竹签在平行于子叶方向斜向插入，即自食指处向拇指方向插，以竹签的尖端正好到达拇指处为度，竹签暂不拔出。接着将西瓜苗于子叶垂直方向向下约 1 厘米处胚轴斜削一刀，削面长 1～1.5 厘米，称谓大斜面；另一侧只需去掉一薄层表皮，称谓小斜面。拔出插在砧木内的竹签，立即将削好的西瓜接穗插入砧木，使大斜面向下与砧木插口斜面紧密相接（图3-1）。插接方法简单，只要砧木苗下胚轴粗壮，接穗插入较深，成活率就高，是目前生产上应用较多的一种嫁接方法。

（2）**靠接法**　又称舌接法，也是目前嫁接中常用的方法。接穗西瓜较砧木提前5～7天播种于沙质土为主的育苗盘中，可使接穗苗大小及胚轴粗细与砧木苗相近。砧木苗和接穗苗子叶平展刚破心时为嫁接适期。也可将接穗和砧木播种于同一营养钵内，嫁接时不用起苗，成活率更高，但应注意使砧木和接穗两株苗的距离很近。

嫁接操作时在砧木和接穗的子叶下部茎端处，用单面剃须刀分别向上、向下做一个呈45°角的斜向切口，其长度约1厘米。将砧木与接穗的切口镶嵌结合在一起，然后用0.2～0.3厘米宽的塑料带包2～3道扎紧，或用专用

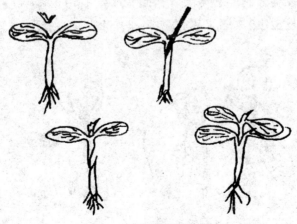

图3-1　插接法示意图

的塑料夹夹住即可（图3-2）。嫁接后，把接穗与砧木同时栽入营养钵中，相距约1厘米，以便成活后切除接穗的根。栽植时接口应距土面约3厘米，以免产生自生根，影响嫁接效果。嫁接7天后接口愈合，将接穗苗的根切断；10～15天后应及时解除塑料带。如果在同一营养钵播种砧木和接穗，应通过不同播期和不同种子的处理方法，使砧木和接穗均达到理想嫁接时期，则效果更好。采用靠接法嫁接，接口愈合好，成苗长势旺，因接穗带自根，管理方便，成活率高。但操作比较麻烦，工效较低。

（3）**劈接法**　多数接穗苗的茎比较粗壮，几乎与砧木苗茎粗相同时，应采用劈接法。采用劈接法时砧木的苗龄应稍大一些。嫁接时取健壮的砧木苗，除去其生长点，在茎轴一侧用刀片自上而下切1～1.5厘米的切口。注意不能伤及子叶，不能两侧都切，否则子叶下垂，很难成活。接穗削成楔状，斜面长1～1.5厘米。将接穗插入切口，用0.3厘米宽的塑料带绑扎，把整个伤口绑住，

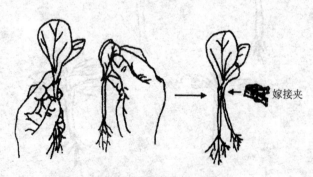

图3-2　靠接法示意图

以防水分蒸发（图3-3）。劈接法接穗不带自根，若嫁接初期管理不好，则成活率低，且费工费时，目前生产上很少采用。

3. 嫁接时应该注意的问题

西瓜嫁接育苗的成活率除受砧、穗亲和力的影响外，操作技术是重要的决定因素。同样的砧、穗组合，同样的环境条件，常因不同人的操作，嫁接成活率有很大的差异。生产中嫁接时应注意以下4方面的问题。

（1）切口保持清洁整齐 要选用锋利的刀片，确保一刀成形，并保持刀口的清洁整齐，做到嫁接切面相紧贴，利于养分和水分的交流，促进接口愈合和成活。

（2）砧木和接穗茎粗细相配 一般要求砧木和接穗苗茎粗细基本一致，便于相互紧密结合及养分、水分的上下交流。所谓粗细一致，因不同的嫁接方法而含义不同。插接法，接穗比砧木茎应细一点；靠接法，则要求

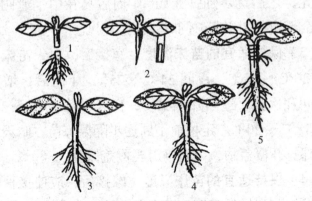

图3-3 劈接法示意图

砧木与接穗茎粗细一致。

（3）**选择合适的嫁接部位**　靠接时，一般选在苗茎上部 1/3 处的光滑整洁部位嫁接，以便于栽植和成活。

（4）**包扎好接口**　包扎接口时必须认真细致，耐心操作，不要使接口错位，不要夹入泥土和其他杂物。适当扎紧，使切面结合紧密，以利于接口愈合。

4. 嫁接苗管理

为了防止接穗萎蔫，促进接口愈合，提高成活率，必须加强管理，创造适宜的环境条件。

（1）**嫁接后及时栽苗**　拔起接穗进行嫁接时，将幼苗若放置在 15℃左右的阴凉处，可以短暂保存，但不宜超过半小时。生产中批量嫁接时，最好有多人分工协作，随嫁接随栽植。

（2）**避免阳光直射嫁接苗**　嫁接苗栽植后，苗床需遮阴，但应有弱散射光。经 2～3 天后，早、晚应有弱直射光，之后逐步加强光照。1 周后只在中午遮阴，10 天后全天均不用遮阴。同时，注意避风。

（3）**保持适宜的苗床温度**　嫁接后，白天苗床温度保持 26℃～28℃、夜间 24℃～25℃。1 周后，增加通风时间和次数，适当降低温度，白天保持 23℃～24℃、夜间 18℃～20℃。定植前 1 周逐步降温炼苗，晴天白天可全部打开覆盖物，夜间仍需要覆盖保温。

（4）**保持适宜的苗床湿度**　嫁接后，应使接穗的水分蒸发控制到最低程度。砧木营养钵应水分充足、密封，使空气相对湿度达100%饱和状态。3～4天后，在清晨和傍晚适当通风，以减少病害的发生。之后逐步加大通风量，10天后恢复到正常苗管理。

（5）**及时除去砧木萌芽**　砧木子叶间长出的腋芽应及时抹除，注意抹芽时不可伤及砧木子叶。

另外，注意防治病虫害。

5.**嫁接苗定植**　嫁接苗定植时，除掌握一般栽植技术外，生产中应注意以下事项：一是不能栽植过深。嫁接苗栽植过深，接口接触土壤会产生自生根，枯萎病菌就有可能侵染植株，使嫁接失去作用。如已发生自生根应及时切断，并把周围的土壤扒离接口，使接口裸露在地面之上，防止再次发生自生根。二是采用嫁接苗栽培的西瓜不能埋土压蔓。否则，被压蔓的节上会长出自生根，有感染枯萎病菌的可能。可采用畦面铺草的方法固定瓜蔓，尽量避免瓜蔓与土壤接触。三是要及时除掉砧木芽。有些砧木很容易萌发枝芽，消耗养分，应及时除去。四是适当控制肥水。嫁接苗的砧木一般具有很强的吸肥能力，生产中可适当减少基肥的施用量，以防徒长，并可降低成本。

第四章
春露地西瓜栽培

一、播种期及品种选择

1.播 种 期

西瓜露地栽培就是在没有保护设备条件下的栽培。因各地气候差异很大，其播种时间也各不相同，我国南方地区播种时间偏早，北方地区播种较晚，若采用早熟栽培也可相应早播。春季露地直播栽培，一般以当地终霜过后、10厘米地温稳定在15℃左右时为露地播种的适宜期，生产中应根据栽培品种、栽培季节、栽培方式及消费季节等因素确定最佳播期。

2.品种选择

早春露地栽培应选择适应性广、抗逆性强、高产优质、耐贮运的品种，如新红宝、齐红、国豫七号、豫艺甜宝、绿之秀、豫星甜王、豫艺360 等。

二、种子处理与催芽

1. 晒　种
将种子置于阳光下晒 2 个中午，以提高发芽能力。

2. 浸　种
把晒过的种子在 50℃～55℃温水中浸泡 10～15 分钟，期间不断搅拌，至水温降至 20℃～25℃时浸种 8～12 小时，然后捞出用毛巾或粗布将种子包好搓去种子皮上的黏膜。再用 60% 福美·多菌灵或 70% 甲硫·福美双可湿性粉剂 800 倍液浸泡 4 个小时，可防枯萎病。

3. 催　芽
把浸种处理的种子平放在湿毛巾上，种子上面再盖一层湿毛巾，放在 33℃恒温条件下催芽，若 24 小时不出芽应用清水再次投洗。

三、播种前的准备

1. 选　地
栽培西瓜要选土壤疏松、透气性好、能排水、便于运输的地块。西瓜地不能连作，一般要 5～6 年轮作 1 次，否则枯萎病严重。前茬对西瓜产量、品质及抗病性均有较大的影响，最好前茬是荒地，其次是二荒地（种过作物而又荒废的土地）及禾谷类作物茬口，豆茬及蔬菜地不宜种植，瓜茬不能连种。

2. 整地施基肥

为了创造疏松透气、保温蓄水适宜西瓜根系生长发育的土壤环境，瓜田必须深耕，最好在冬季进行翻地。华北、东北地区一般做成宽 1.8～2 米、高 10～15 厘米的平畦，南方地区做宽 2～4.5 米、高 20～30 厘米的高畦，播种或定植前浇透水。基肥是西瓜丰产的基础，基肥不足易使西瓜炭疽病加重，产量降低、品质变差。基肥以腐熟有机肥为主，一般每 667 米^2 施厩肥 3 000 千克、豆饼肥 100 千克、过磷酸钙 60 千克，其中 1/3 结合早春耕地撒施翻入土中，2/3 集中施于播种畦，于播种前或定植前 15～20 天施入。另外，根据试验结果，每 667 米^2 施优质农家肥 5 000 千克，不仅瓜大、产量高，而且病害减轻，品质好，商品率高。农家肥不足时，可施用生物菌肥作基肥，如果用化肥作基肥，氮、磷、钾比例应合适，西瓜全生育期氮、磷、钾吸收总量的比例为 3.28∶1∶4.33。

四、播种方法

西瓜地膜覆盖栽培，可先播种后覆膜，也可先覆膜后播种。

1.先播种后覆膜

在整好的畦面挖大坑，坑中间播种，播后覆土2厘米厚并保留10厘米深的小坑，然后覆膜，使每1个小坑均成为简易的"小温室"。这种覆膜方法是早春地温较低时，为了抢早上市而进行的早熟栽培，也是干旱地区抗旱保苗时常使用的方法。优点是可抢早播种、早发苗、早成熟、早上市，缺点是瓜苗易徒长、通风不及时会使瓜苗烤死、保苗率低。

2.先覆膜后播种

为了提高地温，提前把地膜覆好，待10厘米地温升至15℃以上时，用直径5厘米的铁筒在膜上打孔播种。播种时间在终霜（春天最后1次霜）结束前7天，覆土时不能用湿土，否则会出现硬盖现象。此法覆膜操作简便易行，保苗率高，初次种瓜者容易成功。

五、合理密植

西瓜属于喜光性作物，稀植虽然单株产量可能提高，但群体产量降低。种植过稀，造成地力浪费，漏光损失严重；种植过密，叶片重叠，下层叶片容易过早枯黄脱落，植株长势减弱，单株产量下降，小瓜比例增加，虽然群体产量可能稍有提高，但商品率和品质降低。西瓜适宜的种植密度为行距1.4米、株距0.7米，西瓜间作套种的行距可加大至1.8～2米。

六、田间管理

1. 施 肥

瓜田施肥要做到"足、精、巧",即基肥要足,种肥要精,追肥要巧。

（1）**基肥要足** 基肥是丰产的基础,对产量及抗病性影响甚大,要施足基肥,每667米^{2}产量5 000千克的瓜田,要求每667米^{2}施腐熟农家肥5 000千克、三元复合肥15千克、硫酸钾10千克、饼肥50千克、过磷酸钙25千克。采取整地时普施和做畦时开沟集中施肥的方法。

（2）**种肥要精** 种肥对幼苗生长有很大的促进作用,但幼苗小,需肥量少,一定要精肥少施,切忌用量过大。育苗营养土配方可采用:60%风化后打碎过筛的稻田泥土、40%腐熟过筛的猪牛粪渣,加0.2%颗粒复合肥(注意粉碎)。这种营养土可保证西瓜幼苗正常生长,不会烧苗,而且操作简便易行。

（3）**追肥要巧** 追肥是田间管理的重要环节,是大瓜丰产的重要措施之一,生产中要做到巧追肥。方法是旱天追水肥,雨天追粒肥,尿素和钾肥比例按1:1,可用直径5厘米的木棒扎眼追肥。第一次追肥在团棵期（5叶期）,目的是促进植株生长,迅速伸蔓,扩大同化面积,为花芽分化奠定物质基础,要求每667米^{2}追施三元复合肥 10 千克。第二次追肥是在落花后 7 天，目的是促进果实膨大，要求每 667 米 ^{2} 追施尿素 15 千克、钾肥 15 千克。第三次追肥在第二次追肥后 7 天进行，每 667 米 ^{2} 追施尿素 10 千克、钾肥 10 千克。

2.浇　水

西瓜属于耐旱性作物，抗旱怕涝，但生长发育需要适时、适量浇水。

（1）**播种水**　在西瓜播种或定植时开沟浇水，水量中等，只浇播种行，以满足种子发芽或定植成活对水分的要求。

（2）**催棵水**　在西瓜进入团棵期，结合第一次追肥进行浇水，水量适中，只浇播种畦，目的是促进幼苗发棵，扩大叶面积。而后中耕保墒，促进根系生长。

（3）**膨瓜水**　西瓜果实褪毛之后进入膨大盛期，需水量增加，而此时气温升高，蒸发量加大，为促进果实膨大和防止赘秧，应结合第二次追肥浇膨瓜水，此次浇水量要适当加大，浇透水。而后根据土质和降雨情况浇水，由褪毛到定个要浇几次膨瓜水，并做到均衡供水，防止出现裂果现象，特别是严重干旱后更应注意少浇水。

西瓜生育期间，应根据植株的长相判断是否缺水，可在晴天中午光照最强、气温最高的时候，观察叶片或生长点（龙头）的表现。在幼苗期，如果中午叶片向内并拢，叶色变为深绿色，表明植株已经缺水。西瓜伸蔓以后，如果龙头上翘，而叶片边缘变黄，则说明水分偏多。在西瓜结果期，观察叶片萎蔫情况，如果叶片萎蔫或稍有萎蔫并很快就恢复，表明不缺水；若萎蔫过早、时间偏长、恢复较慢，则说明缺水。

3. 植株调整

（1）**压蔓** 西瓜压蔓的作用是防止风吹滚秧损伤枝叶与果实、控制植株徒长疯秧、促进坐瓜、调节长秧与坐瓜的矛盾、促进不定根的形成、增加肥水吸收范围、固定瓜蔓均匀分布于地面。一般采用压三段（道），即主蔓40厘米时压第一段（道），100厘米时压第二段（道），150厘米长时压第三段（道）。压蔓有明压和暗压两种方式，明压是将瓜蔓用土块、树枝、塑料夹卡等物将瓜蔓压在地上。暗压是在地面挖一深槽，将一定长度的瓜蔓全部压入土中，只留叶片和生长点，一般雨水多的地区采用明压。压蔓时要注意坐瓜雌花前后两节不能压，以免损伤幼瓜和影响坐瓜；不能压住叶片，否则减少同化面积；瓜蔓分布要均匀，以充分利用空间；茎叶生长旺盛时应重压、深压，植株生长势弱时应轻压；压蔓最好在下午进行，早上茎蔓水多质脆，容易折断。

（2）**整枝** 生产中较常用的整枝方法有单蔓整枝、双蔓整枝、三蔓整枝和不整枝放任生长。单蔓整枝是在主蔓生长至50～60厘米时，保留主蔓，摘除主蔓上萌发的全部侧枝。双蔓整枝是除主蔓外，在植株基部3～8节叶腋处选留1个生长健壮的侧蔓，主蔓上其余的侧蔓全部去除，主蔓和侧蔓相距30～40厘米，平行向前生长。还有一种双蔓整枝方式是主蔓摘心后，选留植株基部2条强壮侧蔓并行生长。三蔓整枝是在保留主蔓基础上再选留2条健壮侧蔓，其他侧蔓及时摘除。因选留侧蔓部分和伸蔓方向不同，又分为以下3种：一是在主蔓基部选留2条侧蔓，与主蔓一起向南延伸生长。二是在距主蔓基部30～60厘米处选留2条健壮侧蔓，与主蔓平行向南伸生长。三是在主蔓基部选留2条侧蔓，均向北与主蔓相反方向引伸，主蔓向南伸生长。第三种方式因不便于栽培管理，目前生产上很少应用。放任生长就是不进行整枝或适量疏摘。

整枝要分次及时进行，一般在主蔓长约50厘米、侧蔓长约15厘米时开始整枝，每隔3～5天整枝1次，坐瓜以后不再整枝。

（3）留瓜 西瓜理想的留瓜节位应根据栽培品种、栽培模式、整枝方式及环境条件而定。主蔓第一雌花因节位低，所结的果实小、皮厚、瓜形不正，一般不留用。高节位留瓜成熟期晚，而且植株生长旺盛时会造成坐瓜困难，故也很少采用。生产上一般选留主蔓上距根部1米左右处的第二、第三雌花留瓜，在植株的15～20节。晚熟品种或采用多蔓整枝的，留瓜节位可适当高一些；早熟品种与采用早熟密植和少蔓整枝的，留瓜节位则应低一些。坐瓜前后，若遇低温、干旱、光照不良等条件，或植株脱肥，长势较弱时，留瓜节位应高；反之，宜低。侧蔓为结瓜后备用，当主蔓受伤、不宜坐瓜时，可在侧蔓第一、第二雌花选留瓜。留瓜数量应根据栽培形式、品种特性、种植密度等因素而定，一般在中等肥水条件下，采用中小果型品种、双蔓式整枝的，每667米^{2}栽植700～1000株，每株留1个瓜为宜。稀植、小型瓜、采用三蔓或多蔓整枝，肥水条件好的，可适当多留瓜；反之，宜少留瓜。

（4）**松蔓** 松蔓即果实长到拳头大小时（授粉后5～7天），将幼瓜后面秧蔓上压的土块去掉，或将压入土中的秧蔓提出地面，以促进果实膨大。

（5）**顺瓜和垫瓜** 顺瓜即在幼瓜坐住后，将瓜下地面整细拍平，做成斜坡形高台，然后将瓜顺着斜坡放置。垫瓜即在幼瓜下边及植株根际附近垫碎草、麦秸或细土等，以防炭疽病和疫病病菌侵染，使果实生长周正，同时也有一定的抗旱保墒作用。北方干旱地区常结合瓜下松土进行垫瓜，方法是当果实长至1～1.5千克时，左手将幼瓜托起，右手用瓜铲对瓜下地面松土，松土深度为2厘米，再将地面整平后铺一层细沙土，一般松土2～3次。在南方多雨地区，可将瓜蔓提起，将瓜下面的土块打碎整平，垫麦秸或稻草，使幼瓜在垫草上生长。

（6）**曲蔓** 曲蔓即在幼瓜坐住后，结合顺瓜将主蔓先端从瓜柄处曲转，再使其仍向南延伸，使幼瓜与主蔓形成一条直线，然后顺放在斜坡土台上。

（7）**翻瓜和竖瓜** 翻瓜即不断改变果实的着地部位，使其受光均匀，皮色一致，瓜瓤成熟度均匀。翻瓜一般在膨瓜中后期进行，每隔 7～8 天翻动 1 次，一般翻 2～3 次。翻瓜应注意：一是翻瓜时间以晴天午后为宜，以免折伤果柄和茎叶。二是翻瓜要看瓜柄上的纹路（即维管束的方向，通常称瓜脉），要顺着纹路转.不可强扭。三是翻瓜时要双手操作，一手扶住瓜尾，一手扶住瓜顶，双手同时轻轻扭转。四是每次翻瓜沿同一方向轻轻转动，一次翻转角度不可太大，以转出原着地面为准。竖瓜是在西瓜采收前几天，将瓜竖起来，以利瓜形圆正和瓜皮着色良好。夏季烈日炎炎，容易引起瓜皮老化、瓜肉恶变和雨后裂瓜，为避免出现这些问题，可在瓜上面盖草，或牵引叶蔓为果实遮阴，称为荫瓜。

4. 人工辅助授粉

西瓜授粉应在晴天的上午 8～10 时进行，这个时间段是雌花柱头和雄花花粉生理活性最旺盛的时间，是人工授粉的最佳时间。全田授粉完成时间通常以 7～10 天为宜，最长不超过 10 天，这样坐瓜期集中，管理方便，采收期集中，并且果实大小均匀，产量高。授粉时，轻轻托起雌花花柄，使其露出柱头，然后选择当日开放的雄花，连同花柄摘下，将花瓣外翻或摘掉，露出雄蕊，在雌花的柱头上轻轻涂抹，使花粉均匀地散落在柱头上，一般 1 朵雄花可授 2～4 朵雌花。也可先将花粉收集到 1 个干净的器皿（如培养皿、茶碗）中混合，然后用软毛笔或小毛刷蘸取花粉，对准雌花的柱头，轻轻涂抹，看到柱头上有明显的黄色花粉即可。

七、适时采收

判别西瓜果实成熟度的方法：一是根据品种性状计算坐瓜天数。二是看果实外观，成熟西瓜瓜皮坚硬，花纹清晰，脐部和蒂部向内收缩凹陷，瓜柄上茸毛大部脱落，坐瓜节位前一节卷须干枯。三是用手指弹击果实听声音，发出"嘭、嘭"低哑混浊声音者为熟瓜，声音闷哑或嗡嗡声多则表明已熟过，发出"噔、噔"清脆声则为生瓜。四是凭手感，一手托瓜，另一手轻轻拍瓜，托瓜手感到微有颤动者为熟瓜。五是在摘瓜时轻轻将瓜柄摇动，瓜柄从瓜蔓上能容易摘下者一般为熟瓜。生产中应根据以上方法综合判断西瓜成熟度，以适时采收。

第五章
大棚西瓜栽培

大棚由于棚体较大，结构完善，空间大，其保温和采光性能更为优越。大棚西瓜栽培比露地可提早 2 个月成熟，比中小棚双膜覆盖西瓜栽培可提早 30～50 天成熟，极大地提高了西瓜早熟性和经济效益。

一、栽培季节

大棚具有良好的采光、增温保温和保墒效应，能有效地克服阴雨不良天气的影响，为早春西瓜生长发育创造适宜的环境条件，是较为理想的春早熟栽培设施。我国北方地区 3 月下旬以后，棚内温度可达 15℃～38℃，阴天棚内温度比棚外高 6℃～8℃。此外，大棚可采用多层覆盖保温，采光效能好，昼夜温差大，适于西瓜生长发育。由于棚内空间大，操作管理方便，可采取立架栽培，增加定植密度，提高前期产量。西瓜大棚内无加温设施或设备，栽培季节以早春为主。通常在当地终霜期前25~30天，大棚内10厘米地温为15℃~18℃、气温为5℃~8℃时方可定植。

二、品种选择

为实现提早结瓜，提早上市，大棚早春西瓜栽培多选用早熟或中早熟品种。也可选用产量高、耐运输的中晚熟品种，以提高产量和收入。各地应根据当地的市场需求和外销量等因素综合考虑。此外，大棚栽培时还可适当种植一些档次较高的"新、奇、特"品种来调节市场，提高经济效益。一般可选择京欣2号、华欣、农科大5号、中科6号、郑抗7号等品种。

三、栽培模式

1."双膜"栽培

即地面有一层地膜，棚上有一层棚膜的栽培模式，这种"地膜＋大棚膜"的"双膜"栽培，是大棚栽培的基本模式。为了降低棚内湿度，防除杂草，减少病害，还可把棚内地面全部用农膜覆盖起来，此种模式也称为大棚双膜全覆盖栽培。

2. "三膜"栽培

在"双膜"模式的基础上，在瓜行上面再加盖一层小拱棚，大棚的升温和保温效果会更好，即"地膜＋小棚膜＋大棚膜"，称为"三膜"覆盖栽培。

3. "三膜一苫"栽培

在"三膜"模式的基础上，在小拱棚上面再加一层草苫保温，即"地膜＋小棚膜＋草苫＋大棚膜"，称为"三膜一苫"栽培。此模式大棚升温和保温效果可达到最佳水平，早熟效果最好，在华北地区，4月中下旬即可实现当地早熟西瓜上市。

四、整地做畦

大棚西瓜种植密度大，产量高，因此要求施足基肥，精细整地。若是冬闲棚，则应在冬前深耕25厘米，进行冻垡。定植前先施基肥，基肥以有机肥为主，配合适量化肥，一般每667米² 施优质腐熟厩肥5 000千克，或优质腐熟鸡粪2 000千克，配合施入硫酸钾15～20千克、过磷酸钙50千克、腐熟饼肥100千克。基肥量的1/2结合翻地全园施用，另1/2施入瓜沟中，浇水后整地做畦。若利用冬菜棚或早春育苗棚，应在定植前10天清园，深耕晾垡，撒施基肥，进行整地。为了节省地膜、小拱棚和草苫的用量，大棚西瓜畦应做成宽畦，采用大小行定植，棚内可采用一膜覆盖2行的方法。

大棚宜在定植前15天建好。采用地膜＋小棚膜＋大棚膜和地膜＋小棚膜＋草苫＋大棚膜栽培模式的，应在定植前5～7天把小棚建好，并盖上小棚的棚膜和地膜，以提高地温，定植时揭开小棚的棚膜栽苗。

五、播种育苗

大棚西瓜早春栽培一般在日光温室采用温床育苗，也可在定植西瓜的大棚内育苗。育苗期要根据大棚西瓜栽培模式和品种选用情况确定。一般来说，采用大棚"双膜"覆盖栽培模式时，大棚的保温能力有限，可较当地露地西瓜栽培的育苗期提早40天左右；如果采用"三膜"栽培模式，育苗期可提早50天左右；如果采用"三膜一苫"栽培模式，育苗期可提早60天左右。早熟品种可适当晚播，中、晚熟品种或嫁接栽培可适当早播。生产中应采用苗龄30～40天、有4～5片真叶的大苗定植。

六、整地定植

1.定植期

当大棚内的平均温度稳定在15℃以上、凌晨最低温度不低于8℃、10厘米地温稳定在12℃以上时即可定植。如果采取大棚"双膜"栽培，华北大部分地区以3月中下旬定植为宜；如果采取大棚"三膜"栽培，可于3月上中旬定植；如果采取大棚"三膜一苫"栽培，可于2月中下旬定植。

2.定植密度与方法

大棚西瓜生长快，瓜秧较大，瓜田封垄早，因此定植密度不宜过大。一般采取双蔓或三蔓整枝的，早熟品种每667米^{2}栽植1 000株左右，中晚熟品种每667米^{2}栽植500～800株。定植前5～7天覆盖地膜，以增温保墒。定植时先按株行距确定栽苗部位，然后打孔、栽苗、浇水、覆土。栽植深度以营养土坨的表面基本与畦面相平为好，若幼苗下胚轴较高，则定植深度可稍深。定植后，大棚内应全面覆盖地膜，这样一方面可提高地温，保持土壤水分；另一方面可降低棚内湿度，减轻大棚内病虫草害的发生。一般上午进行定植，下午即扣小拱棚，以迅速提高棚内温度。

3.定植时应注意的问题

一是按瓜苗大小分区定植。由于大棚中部的温度高，有利于瓜苗的生长，要把小苗和弱苗栽到大棚的中部，大苗和壮苗栽到温度偏低的边部，以利于整棚瓜苗生长整齐。二是保护好幼苗的根系。由于大棚西瓜多采用大苗定植，定植时容易伤根，根系一旦受到损伤就不易再生。因此，在起苗、运苗和栽苗的过程中要轻拿轻放，防止营养土坨破碎损伤根系。三是选择连续晴天的上午进行定植，以利于缓苗。

七、植株调整

1.整　枝

大棚西瓜栽培密度大，生产中应严格进行整枝和打杈。早熟品种一般采用双蔓整枝，中晚熟品种一般采用双蔓整枝或三蔓整枝。坐瓜后的瓜杈是否去除应视瓜秧生长势而定，若瓜秧长势较旺，叶蔓拥挤，则应少留瓜杈；若不影响棚内通风透光，坐瓜部位以上的瓜杈则可适当多留，也可在坐瓜部位以上留15片叶打顶（摘心）。大棚西瓜一般不会发生风害，爬地生长西瓜压蔓主要是为了使瓜蔓均匀分布，防止互相缠绕，可采用"A"形树枝或铁丝进行压蔓。

立架或吊蔓栽培，当主蔓长至30～50厘米时侧蔓已明显伸出，当侧蔓长至20厘米左右时，从中选留1条健壮侧蔓，其余全部去掉。以后主、侧蔓上长出的侧蔓均及时摘除，在坐瓜节位上边留10～15片叶打顶。整枝主要在果实坐住以前进行，立架或吊蔓栽培去侧蔓（打杈）要一直进行到瓜秧满架、打顶。在去侧蔓的同时，要摘除卷须。

2.支　架

大棚立架栽培，支架可用竹竿，也可用吊绳，但以粗竹竿支架为好。在定植后20多天，主蔓长30厘米左右，去掉大棚内小拱棚后，立即进行支架。可按每株瓜秧插两根竹竿，在植株两侧距根部 10 厘米以上的位置插竿，竹竿要插牢、插直。插立架后，当蔓长 30～40 厘米时，即可将匍匐生长的瓜蔓引上立竿，每蔓一根竿，绑蔓作业中应注意理蔓，后期绑蔓应注意不要碰落大瓜，绑蔓和整枝工作可结合进行。

3. 人工授粉

由于棚内没有授粉昆虫活动，需进行人工辅助授粉才能确保坐果。授粉时应注意雌花开放时间，及早进行，花粉量要充足，花粉在柱头上涂抹要均匀。一般应在开花当天的上午 8～9 时进行授粉，阴天雄花散粉晚，可适当延后。为防止阴雨天雄花散粉晚影响授粉，可在前 1 天下午将翌日能开放的雄花取回，放在室内干燥温暖条件下，使其翌日上午按时开花散粉，以保证正常授粉受精。生产中应从第二雌花开始授粉，以便留瓜。

4. 选瓜吊瓜

为提高单瓜重和促使果实端正，应选留第二雌花坐的瓜。一般授粉后 3～5 天，瓜胎明显长大时选留瓜。留瓜过早，瓜小且不端正；留瓜过晚，则不利于提早上市。优先在主蔓上留瓜，主蔓上留不住时，可在侧蔓上留瓜。立架栽培，当瓜长到约 0.5 千克时，应及时进行吊瓜，以防幼瓜增大后坠落。爬地栽培，则应进行选瓜、垫瓜和翻瓜。

八、栽培环境调控

1.温 度

根据西瓜不同生育期及天气情况，采取分段变温管理方法：缓苗期要保持较高的棚温，一般白天保持30℃左右、夜间15℃左右，最低不低于8℃；伸蔓期棚温要相对降低，一般白天温度保持22℃～25℃、夜间10℃以上；开花坐瓜期，棚温要相应提高，白天温度保持30℃左右、夜间不低于15℃，否则将引起坐瓜不良；果实膨大期外界气温已经升高，棚内温度有时会很高，要适时通风降温，白天温度控制在35℃以下，但夜间仍要保持在18℃以上，否则不利于西瓜膨大，而且易引起果实畸形。

（1）**保温措施** 大棚封闭要严密，避免漏风。大棚上幅膜和下幅膜间的叠压缝要宽，要求不少于15厘米，并且要叠压紧密。棚膜出现孔洞、裂口时要及时补好，补膜可用透明胶带从膜洞的两面把口贴住，也可采用电熨斗把破口补住。棚内进行多层覆盖，可采取加盖小拱棚和加盖草苫等措施。在大棚内加盖小拱棚，可使温度提高2℃～3℃，加盖一层厚3厘米左右的草苫，可使小拱棚内的温度提高5℃以上。

（2）**增温措施** 在大棚西瓜生产中遇到极端低温等灾害性天气，应采取增温应急措施：一是点燃火盆，就是把烧透烧红了的火炭放入火盆内，把火盆均匀地放到大棚内或端着火盆在棚内来回走动，使棚温升高。用火盆加温时热量容易控制，不会烧伤瓜秧和烤坏棚膜。二是点燃火炉，就是在大棚内支炉点火，使大棚增温，火炉增温要注意设烟道，以免产生烟害。

（3）**降温措施** 大棚西瓜栽培，生产中常用的降温措施：①通风。通风是降低大棚温度最常用的方法，通风时应先扒开大棚上部的通风口，在仅靠上部的通风口降不下温度时，再扒开腰部的通风口。②遮阴。进入春夏之交及其以后，棚温进入一年中的最高时期，此期只靠通风往往难以使棚温降到西瓜正常生长发育的温度范围内，必须借助遮阴来降低棚温。大棚遮阴常用的方法是向棚面上喷洒白石灰水，利用白灰的反光作用，减少大棚的透光量，或在棚膜上加盖遮阳网、撒盖秸草以达到遮阴降温的目的。

2.湿　度

大棚西瓜生长发育适宜的空气相对湿度白天为55%～65%，夜间为75%～85%。空气湿度过高是影响西瓜正常生长和发生病害的主要环境因素之一，生产中应采取覆盖地膜、前期控制浇水、中后期加强通风等措施降低空气湿度。土壤湿度则应根据西瓜不同生育期的要求，满足其生长发育的需要。

3.光　照

建造大棚时应注意尽量减少立柱以减少阴影；选用

耐低温防老化的长寿无滴膜，并保持薄膜清洁；大棚内套小拱棚时要注意协调好温度和光照的管理。此外，植株下部老叶应及时剪除，并适当通风排气，以改善植株的光照条件。

4. 气 体

大棚内的气体成分主要有二氧化碳和有毒气体（氨气、亚硫酸气）等。气体管理的主要目的是排出有害气体，增加二氧化碳气体。二氧化碳是西瓜光合作用的重要原料之一，直接影响到西瓜的生长发育。大气中二氧化碳浓度比较稳定，约为 300 微升/升。在相对封闭的设施栽培条件下，因植株光合作用消耗，常造成二氧化碳浓度降低。增施二氧化碳气肥，已成为提高大棚西瓜产量和品质的重要措施之一。

二氧化碳施肥就是人为地提高棚内二氧化碳浓度，补充棚内二氧化碳含量不足。方法：①在棚内每立方米的空间堆放新鲜马粪 5～6 千克，马粪在发酵过程中释放二氧化碳。②燃烧丙烷气产生二氧化碳。在 600 米² 面积的大棚内，燃烧 1.2～1.5 千克丙烷气，可使大棚内二氧化碳浓度提高到 1 300 微升/升，生产中应根据大棚的面积确定燃烧丙烷气的数量。③应用焦炭二氧化碳发生器，在焦炭充分燃烧时可释放出二氧化碳。④在不被腐蚀的容器中放入浓盐酸，再放入少量碳酸钙，通过化学反应产生二氧化碳。二氧化碳施肥的时期主要在西瓜生育盛期，尤其是果实发育期。适宜时间为上午 10 时左右光合作用最旺盛时期，最佳浓度为 1000～1500 微升 / 升。同时，必须加强通风换气，使棚内空气保持新鲜，防止有害气体积累。

九、肥水管理

1. 追 肥

大棚内温度高、湿度大，有利于土壤微生物的活动，土壤中养分转化快，前期养分供应充足，后期易出现脱肥现象，所以追肥重点应放在西瓜生长发育的中后期。开花坐瓜期可根据瓜秧的生长情况，叶面喷 2 次 0.2% 磷酸二氢钾溶液，以提高坐瓜率。坐瓜后及时追肥，可结合浇水每 667 米^2 冲施三元复合肥 30 千克左右，或尿素 20 千克、硫酸钾 15 千克。果实膨大盛期再随水冲施速效肥 1 次，每 667 米^2 可冲施尿素 10～15 千克，保秧防衰，为结二茬瓜打基础。在头茬瓜采收、二茬瓜坐瓜后，结合浇水再冲施肥 1 次，每 667 米^2 可冲施尿素 10～15 千克、硫酸钾 5～10 千克，同时叶面喷施 0.2% 磷酸二氢钾溶液 1～2 次。

2. 浇 水

西瓜缓苗后，浇 1 次缓苗水，之后如果土壤墒情较好，土壤的保水能力也较强，到坐瓜前不需浇水，以促进瓜秧根系深扎和及早坐瓜。如果土壤墒情不好，土壤的保水能力又差，则应在主蔓长至 30～40 厘米

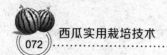

时，轻浇1次水，以防坐瓜期缺水。幼瓜坐稳至进入膨瓜期后，要及时浇膨瓜水，膨瓜水一般浇2～3次，每次的浇水量都要大。西瓜"定个"后，停止浇水，促进果实成熟，提高产量和品质。二茬瓜坐住后要及时浇水、追肥。

第六章
小棚双膜西瓜栽培

小棚双膜覆盖栽培是目前西瓜生产上应用较广的一种栽培方式。是指在栽植畦上覆盖一层地膜，再在畦面上插拱架覆盖农膜的一种栽培方式。因具有地膜和天膜的双重覆盖作用，其增温效果较好，而且小棚结构简单，取材方便，成本低。小棚双膜西瓜栽培早熟效果十分明显，一般可提前至6月上旬成熟上市，较露地栽培提早15天以上，产值增加1倍左右。

一、棚型结构与性能

小棚双膜覆盖是由地膜和小拱棚两部分组成，地膜可用0.014毫米厚的农用薄膜；拱架用毛竹片、柳条、钢管等材料，其上覆盖0.05～0.08毫米厚的透明农用薄膜，四周压实，膜外用绳固定防风。小拱棚一般为南北走向，棚高50～70厘米，跨度与种植行数、整畦模式有关，一般长20～30米。小棚双膜覆盖唯一的能量来自阳光，棚内气温随着外界气温的变化而变化，加之棚体较小，棚温变化剧烈。晴天增温显著，最大增温值15℃～20℃，在晴天中午容易引起高温危害；而在阴天、低温或夜间，棚温仅比外界高1℃～3℃，遇到寒流极易发生冻害。棚内地温随着棚内气温的变化而变化，但地温的变化比较平稳，特别是在覆盖地膜后，棚内地温比同期露地地温高6℃～8℃。

二、品种选择

小棚双膜覆盖西瓜栽培应选择早熟、抗病、耐湿、耐低温寡照；雌花着生节位在7节以下，果实发育期30天左右；生长势中等，对肥水条件反应不太敏感（以免徒长）；果实的采收期要求不太严格，适当提早采摘不太影响果实品质的品种，如早春红玉、丽兰、甜妞、早抗丽佳、华欣、汴宝等。

三、培育大苗

在保温条件下提前播种培育壮苗大苗，此栽培模式定植的适宜苗龄为30～35天、具有3～4片真叶。可采用塑料营养钵或纸钵等容器进行育苗。

四、整地定植

1. 整地施基肥

小棚双膜西瓜栽培应选背风向阳、地势高燥、土层深厚、肥沃疏松、排灌方便的沙质壤土。沙土地容易漏肥水，应加强中后期肥水管理；黏土地应加强冬前深翻，增施有机肥。西瓜忌连作，应注意轮作，一般旱地轮作期为 8 年，水旱轮作期为 6 年，水田轮作期为 4 年，前茬作物以水稻、小麦、油菜等为好。此栽培模式，应在冬前深耕 20～25 厘米，进行晒垡和加深熟化土层。开春后结合整地（耙平、打细）施基肥并做畦、做垄，瓜田应深沟相通，以免积水。基肥以有机肥为主，加适量的速效性化肥，施肥方法有 3 种，可因地制宜选用。一是全园撒施、耕翻入土混匀。二是沿瓜行开沟集中施肥，其中 70% 施于 20 厘米以上的熟土层。三是将全部有机肥与部分化肥全园撒施，耕翻混入土壤，再沿瓜行开约 30 厘米深的施肥沟集中施入剩余的化肥。每 667 米^2 可施腐熟鸡粪 1 000 千克、磷酸二铵 20～30 千克、硫酸钾 30 千克。

2. 做 畦

（1）**高畦** 畦面宽 3.2～3.6 米，畦沟宽 30 厘米左右，秧苗栽在高畦的两边，植株伸蔓后，2 行瓜蔓向畦内对爬。小拱棚扣盖于相邻瓜行上，一棚可覆盖 2 行瓜苗。

（2）**低畦** 低畦由浇水畦和爬蔓畦两部分构成。浇水畦宽50厘米左右，每畦栽2行瓜苗，伸蔓后分别向相反的方向爬蔓。爬蔓畦位于浇水畦的两侧，畦宽1.5～1.8米。小拱棚扣盖在浇水畦上，一棚可覆盖2行瓜苗。

（3）**垄畦** 垄畦由垄背、浇水沟和爬蔓畦3部分构成。垄背也叫瓜行畦，宽30～50厘米，上栽2行瓜苗，伸蔓后，相邻两行瓜蔓分别伸向相反的方向。浇水沟开于垄背两侧，宽25～30厘米。爬蔓畦位于浇水沟外，宽1.3～1.5米。小拱棚扣盖在瓜行畦上，一棚可覆盖1行或2行瓜苗。

3.定 植

定植前7～10天盖好地膜和小拱棚膜，以提高地温。当拱棚内最低温度稳定在8℃以上、10厘米地温在12℃以上时为安全定植期。在早春气温不稳定、常出现回寒现象的地区，定植期应避开最后1次强寒流。定植应在晴天进行，定植密度一般为每667米²栽植800株左右，生产中应根据品种特性和当地的具体情况确定。

五、田间管理

小棚双膜西瓜栽培，棚温管理以保温促进生长发育为原则，定植后5天内密封小棚不通风，以提高气温和地温，促进缓苗。此后随天气变暖，棚温升高，应逐渐通风，棚温白天保持在30℃～35℃，夜间保持在15℃以上，不低于12℃，如遇寒流应加盖草苫保暖防寒。开始通风时，应在背风一端揭膜，随着温度的上升，两端开启棚膜，但大风天气仍只在一端揭膜。当两端通风棚温仍不能下降时，可间隔一定距离揭开底膜通风，通风量应根据气温的变化，掌握由小到大，时间逐渐延长，并变换通风口位置。

小棚双膜西瓜栽培，主要采用双蔓整枝方式，高密度栽培时（每667米²植1000株以上）应采用单蔓整枝。坐瓜后要经常剪除弱枝、老叶，以改善通风透光条件。生产中应以主蔓第二雌花结瓜为主，尽量保证结瓜部位在棚的中间。采用人工辅助授粉，以提高坐瓜率。

双膜覆盖西瓜生长前期以保温为主，水分蒸发量较少，一般不浇水。如果底水不足，出现旱情可在坐瓜前浇1次小水，以促进坐瓜。拆棚或引蔓出棚前施1次肥，一般在距根60厘米处开浅沟施入，每667米²可施腐熟饼肥45千克、三元复合肥15千克。如拆棚时植株尚未坐瓜，则应在坐瓜后施膨瓜肥。瓜成熟后期，应盖草护瓜，防日灼病。为防止病害和畸形瓜，生产中应加强病虫害防治，并采取垫瓜、翻瓜等措施。

六、选留二茬瓜

小拱棚双膜西瓜由于成熟期提早，在第一茬瓜采收

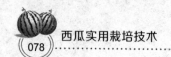
后，气候条件仍较适宜西瓜生长发育，因此可以选留二茬瓜。若想获得较高的二茬瓜产量，必须具备以下条件：①头茬瓜熟期必须早，以利于二茬瓜赶在炎热多雨的季节前成熟，否则二茬瓜产量将受影响。②防止瓜秧茎叶损伤。一方面要加强病虫害防治，另一方面在采收头茬瓜时要小心，不要造成人为损伤。③加强肥水管理以免植株早衰。

选留二茬瓜的具体方法：在头茬瓜基本定个时（采收前7～10天），在西瓜植株未坐瓜的侧蔓上选留1朵雌花坐瓜。若头茬瓜坐在侧蔓上，那么二茬瓜可在主蔓上选留。

第七章
无籽西瓜栽培

无籽西瓜就是果实中没有种子或种子极少的西瓜。我国各地推广应用的无籽西瓜均为三倍体西瓜，是以四倍体西瓜为母本、二倍体西瓜为父本杂交获得的三倍体种子。此种子生长后所结果实内无种胚，只有幼嫩的小种皮。无籽西瓜是多倍体水平上的杂种一代，较普通西瓜品种间的杂种优势明显，表现为植株生长势旺盛，抗病性较强，比普通西瓜增产。同时，果实含糖量较高，风味好，食用方便。因此，无籽西瓜深受广大生产者和消费者欢迎。

一、生长发育特点

无籽西瓜的生长发育特性基本上与普通西瓜相似，只是在某些方面存在一定的差异。这些差异大致可以归纳为：种子发育不全，从而影响发芽和出苗；幼苗生长缓慢，前期生长也比较缓慢，需较高的温度；中期生长旺盛，但坐瓜比较困难；后期生长旺盛，增产潜力较大。

1. 发芽率低

（1）**发生原因** ①无籽西瓜的种胚发育不全，仅为种子全重的 1/2，比普通西瓜低得多，而且种胚畸形比例也较高。②由于三倍体无籽西瓜种子的种皮厚，幼胚顶破种皮出芽困难。③无籽西瓜种子种腔空隙大，在浸种时常因进水过多而发生种胚水渍坏死的情况。④无籽西瓜催芽时对温度要求严格，不易准确调控，使得无籽西瓜的发芽率在生产上难以提高。

（2）**防治措施** ①对无籽西瓜种子采用人工破种壳、控制浸种时间、高温催芽等措施能显著提高发芽率。人工破壳方法：在种子浸种后、催芽前用毛巾擦干种子表面多余的水分和黏液，用钳子或牙齿将种脐部的种皮轻轻嗑开缝隙，帮助幼胚顶开种皮出芽。也可采用干种破壳，但应注意尽量别嗑碎种胚，浸种时间也不宜太长；控制浸种时间的方法是：干种子用 55℃ 温水浸种 2 小时左右为宜，不要超过 6 个小时，凉水浸种 24 小时左右；催芽温度要比普通西瓜高，以 33℃～35℃ 为宜。②提高无籽西瓜的制种质量，对提高发芽率有重要作用。在生长季节积温高，降水少，空气干燥，光照充足，昼夜温差大的地区，生产的无籽西瓜种子饱满度好，发芽率高。在制种田增施磷、钾肥和叶面喷施磷酸二氢钾溶液，也有利于改善无籽西瓜种子的质量。在采种时应注意选取充分成熟的种瓜取种，同时注意随采种随淘洗干净晒种，避免种子发酵而影响发芽率。

2. 成苗率低

（1）**发生原因** 无籽西瓜幼苗生长需要的温度较高，苗期生长慢，出芽时还常带种壳出土。因此，育苗期管理不慎时常发生幼苗出土困难、幼苗停止生长及死苗现象，造成育苗时成苗率低。无籽西瓜幼苗生长势弱，易受到不良环境条件影响，因此成苗较普通西瓜苗困难，成苗率低。

（2）**防治措施**

①温床育苗 因地制宜选用火炕温床、电热线温床等可控形式温床育苗，可根据无籽西瓜幼苗生长需要及时调控温度，以利于瓜苗正常生长。

②适当推迟播种期 由于无籽西瓜幼苗对低温耐受力差，为提高成苗率，应比普通西瓜晚播种1周左右，使瓜苗在温度已升高并稳定的条件下顺利度过苗期。

③育子叶苗 将已催芽的种子放入育苗盘或浅木箱等容器中置于32℃条件下，待种子出芽脱壳后再播种于营养钵，放在普通苗床上继续培育，有助于提高无籽西瓜的成苗率。

④浅覆土 无籽西瓜种胚发育不良，播种后覆土过深，既增加了对种子的压力，也增加了种子的养分消耗，会造成部分种子因无力顶破覆土而死亡；但覆土太浅，

易造成种子"戴帽"出土。覆土厚度以 1.5 厘米为最佳。

⑤及早摘"帽" 在无籽西瓜种苗出土过程中，子叶"戴帽"不可避免，应注意及早摘除，以减少幼苗的损伤。

3. 植株生长特点

无籽西瓜植株的茎较短粗，叶片大而色深。伸蔓后生长优势明显表现出来。据测定，无籽西瓜主蔓和侧蔓长度均较普通西瓜长，功能叶较多，这种优势能保持到生长后期。无籽西瓜最大功能叶较普通西瓜出现节位高、时间迟。据测定，普通西瓜最大功能叶在主蔓上 20 节、在侧蔓上 15 节左右；而无籽西瓜则分别在 30 节和 25 节左右。说明无籽西瓜植株生长较旺，生育期较长，结瓜较晚。单株叶面积也比普通西瓜大，增大了植株的同化面积。但由于无籽西瓜营养生长旺盛，而影响坐瓜的表现尤为突出。据调查，在相同的栽培条件下，无籽西瓜的自然坐瓜率仅为 33.5% 左右，而普通西瓜则为 69.7% 左右。

二、栽培技术要点

1. 适时定植

无籽西瓜苗期生长弱，应利用苗床的优越条件，促进瓜苗生长。利用大苗移栽对促进其前期生长有利的特点，一般以 3～4 片真叶苗移栽为宜。

2. 定植密度

无籽西瓜植株生长势强，坐瓜节位偏高，成熟期较晚，因此应比普通西瓜适当稀植。一般行距为 1.8～2 米，株距为 0.5～0.9 米，每 667 米^2 栽植 500～700 株。大棚立架栽培，每 667 米^2 栽植 800 株左右。

3. 配置授粉品种

由于三倍体无籽西瓜自身雄花的花粉没有生活力，不能刺激雌花子房膨大坐瓜，因此必须配置授粉品种。因普通（二倍体）西瓜品种的花粉量大，生活力强，一般以普通西瓜作授粉品种，不宜用少籽西瓜作授粉品种。授粉品种西瓜宜集中种植，以便于人工授粉时采花。采用昆虫授粉，无籽西瓜与授粉品种西瓜的配置比例为 3～4 : 1。采用人工授粉品种配置比例为 8～10 : 1。授粉品种西瓜的花期、熟性、坐果性应与无籽西瓜基本一致，但瓜型和瓜皮花纹最好与无籽西瓜有所区别。

4. 整枝、压蔓和留果

西瓜整枝、压蔓可以有效地调节叶面积指数，控制营养生长，促进坐瓜。据试验表明，经过整枝的植株茎粗、叶片大、易坐瓜；而放任生长的植株蔓、叶多，但瓜小。

（1）**整枝** 无籽西瓜采用双蔓整枝或三蔓整枝。由于无籽西瓜生长势强，侧蔓发生多且生长快，要早整枝，勤打杈。坐瓜后如果瓜蔓生长势仍然很强，可进行茎尖摘心或压入土中。土壤肥力较差、施肥水平不高的地块，以三蔓整枝为宜；施肥水平高的田块以采用双蔓整枝为宜。

（2）**压蔓**　无籽西瓜压蔓要及时，而且要重，以防因营养生长过旺而推迟坐瓜或形成畸形瓜。压蔓时可采用明压（不把瓜蔓埋进土中），也可采用暗压（把瓜蔓埋进土中）。一般坐瓜前压蔓2～3次，坐瓜后压蔓1～2次。

（3）**留瓜**　无籽西瓜坐瓜节位低时，不仅果实小、瓜形不正、瓜皮厚，而且秕籽多，易空心和裂瓜。因此，生产中应选择高节位留瓜，一般选主蔓上第三雌花留瓜，每株只留1个瓜。无论采用哪种整枝方式，无籽西瓜一般都可结二茬瓜，栽培管理措施适当时还可结三茬瓜。

（4）**促进坐瓜**　无籽西瓜在栽培上常表现坐瓜困难，这是影响产量的一个重要因素。坐瓜困难的原因除植株生长势旺、坐瓜节位高、自花不能结实以外，无籽西瓜的雌花子房孕性差，对花粉刺激敏感性差，而影响雌花子房膨大是主要原因。为了促进坐瓜并使坐瓜整齐和成熟一致，采用人工辅助授粉是增产的关键措施之一。可在清晨采集授粉品种的含苞待放雄花集中放在保湿容器内，待雄花开放散粉后，将雄花花瓣反卷露出雄蕊，在无籽西瓜雌花的柱头上转圈涂抹几次，使雌花柱头能均匀涂抹到花粉。1朵雄花可为1～3朵雌花授粉。

无籽西瓜花期如遇低温、阴雨天气，昆虫传粉和人工辅助授粉均有困难，对坐瓜影响很大，可利用植物生长调节剂涂抹处理。在无籽西瓜的花期，用20～30毫克/千克防落素（坐瓜灵）溶液给雌花子房喷雾或涂抹雌花瓜柄处理，坐瓜率可达到90%以上。使用植物生长调节剂应注意的问题：①根据产品说明书准确配制药液浓度。②与人工辅助授粉结合进行。③药剂处理子房或瓜柄涂药应均匀，特别是涂抹浓度较高时更需注意，以防果实畸形。另外，注意坐瓜相对较好的无籽西瓜品种，从开花坐瓜期开始就应控制肥水，防止植株旺长而造成落花落瓜。

5. 肥水管理

无籽西瓜植株生长势旺，全生育期对肥水的需求量大于普通西瓜。为保证丰产优质，应科学供给肥水，生产中可采取"促两头控中间"的肥水管理原则。

无籽西瓜生育前期生长势弱，应保证肥水供应，并提高环境温度促进生长；生育中后期生长势旺盛，易徒长而且坐瓜较困难。因此，生产中在坐瓜前应控制肥水，加强整枝压蔓，以控制营养生长；坐瓜后，为了促进果实膨大，应重施结瓜肥，每667米^{2}可追施三元复合肥15～20千克，并浇2～3次透水，也可结合浇水每667米^{2}追施尿素8千克、硫酸钾10千克，以促进果实迅速膨大，充分发挥无籽西瓜的丰产优势。注意尽量不施或少施磷肥，以免增加果实中白色秕籽的数量，降低商品性。

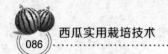

　　无籽西瓜栽培基肥用量一般应较普通西瓜多，在土壤肥力中等条件下，每 667 米^2 可沟施或穴施腐熟有机肥 4 000～5 000 千克、饼肥 60～80 千克、过磷酸钙 40～50 千克、尿素 30 千克、硫酸钾 25 千克。

第八章
小西瓜栽培

　　小西瓜是普通食用西瓜中果型较小的一类，从果实外观看，小果型西瓜比普通西瓜更加精美秀丽，小巧玲珑，商品性好。从果实剖面看，小果型西瓜的瓜皮极薄，一般只有0.3～0.5厘米，可食率高。小果型西瓜一般比普通西瓜的肉质细嫩，纤维少，口感爽甜，品质佳，中心可溶性固形物含量特别高，一般为13%以上，高的可达16%。通常单瓜重为1～2千克，故又称为袖珍西瓜或迷你西瓜，是一种高档礼品瓜，深受消费者欢迎。

一、生长发育特点

1. 幼苗弱，生长慢
　　小西瓜种子较小，千粒重为30.8～37.5克。种子养分较少、出土慢，幼苗子叶小、生长势较弱。尤其是早播，幼苗处于低温、寡照的环境条件下，更易影响幼苗生长，其生长势明显较普通西瓜弱，主要表现为蔓细、瓜叶小、叶片缺刻较深。生长后期植株生长势逐渐恢复正常，但如果不能及时坐瓜，则往往发生徒长。小果型西瓜虽然前期生长势较弱，但植株分枝能力较强，侧枝较多。由于苗弱，定植后若处于不利的气候条件下，幼苗期与伸蔓期植株生长势仍表现细弱，气候条件好转植株则恢复正常生长。小西瓜分枝性强，易坐瓜，一般多蔓多瓜。

2. 果实小，发育快

小西瓜前期植株生长势差，雌、雄花的分化进程慢，表现为雌花子房很小，雄花初期发育不完全、畸形，花粉量少，甚至没有花粉，从而影响正常授粉受精和果实的发育。从单瓜重看，小果型西瓜一般单瓜重2千克以下。小西瓜全生育期及果实发育期均比较短，果实发育快，在适宜条件下从雌花开花到果实成熟只需要20多天，比普通西瓜早熟品种的熟期提早7～8天。但在早春栽培时，由于果实发育阶段温度较低，果实发育所需的时间也相对比较长。小西瓜果型小、果实发育期短，坐瓜后消耗的养分也比较少，植株不易衰老，可以实现连续多茬结瓜，多次采收。此外，由于小西瓜分枝能力较强，侧枝较多，1株瓜秧能同时结多个瓜，可实行多蔓多瓜栽培。

3. 对肥料反应敏感

小西瓜营养生长与施肥量有密切关系。对氮肥的反应比较敏感，氮肥过多，容易引起植株营养生长与生殖生长失调而影响坐瓜。这主要是小西瓜植株小、果实小、对养分的需求少的缘故。栽培中基肥的施用量可较普通西瓜减少 30% 左右，嫁接育苗的基肥施用量可减少约 50%。

4. 结瓜周期不明显

由于小西瓜自身的生长特性和不良栽培条件的影响，前期生长势较弱。若放任结瓜则由于受同化面积的限制，果实会很小，而且还会进一步影响植株的生长。随着生育期的发展和气候条件的好转，植株生长势强盛，如不能及时坐瓜，则容易表现徒长。因此，生长前期一方面要防止营养生长弱，另一方面要促使适时坐瓜，防止徒长。植株坐瓜后，因果实小，果实发育周期短且不明显，对植株营养生长影响较小，故小西瓜持续结瓜能力较强。小西瓜的这种自身调节能力有利于进行多蔓多瓜和多茬次坐瓜栽培，同时也有利于防止裂瓜。

二、栽培技术要点

1. 嫁接培育大苗

由于小西瓜前期生长势弱，种子也贵，故生产中应采用嫁接育苗。培育壮苗，适当稀植，大苗定植，是小

西瓜早熟丰产高效栽培的关键技术。

2. 整地施基肥

小果型西瓜的需肥量比普通西瓜要少，采用自根苗栽培，施肥量为普通西瓜施肥量的 70%～80%；采用嫁接苗栽培，施肥量为普通西瓜的 50%～60%。可采用平畦和高垄种植形式，平畦的畦宽为 1～1.3 米；高垄按垄宽 66 厘米、垄沟宽 66 厘米相间排列。

3. 合理密植

小果型西瓜种植密度因栽培方式和整枝方法的不同而异。爬地栽培，采用双蔓整枝每 667 米^2 种植 800～1 000 株，采用三蔓整枝每 667 米^2 种植 600 株左右，采用四蔓整枝每 667 米^2 种植 450 株左右。小西瓜果实和植株均小，特别适宜设施吊蔓栽培，每 667 米^2 可定植 2 000 株左右。

4. 整枝压蔓

根据小西瓜分枝多、枝叶弱小的生育特点，吊蔓栽培可采用单蔓或双蔓整枝，爬地栽培可采用多蔓整枝。整枝方式有保留主蔓和苗期摘心两种。前者主蔓始终保持顶端优势，结瓜较早，但各侧蔓间生长势参差不齐，开花授粉时间不一，果实间成熟的一致性差；后者选留若干生长相对一致的子蔓，开花时间和坐瓜位置相近，瓜成熟时间较一致，瓜形圆正，商品率高。保留主蔓整枝，应在主蔓基部保留 2～3 条子蔓，形成三蔓或四蔓整枝的方式，摘除其余子蔓及坐瓜前发生的孙蔓，这种整枝方式留瓜节位以主、侧蔓的第二雌花为主。主蔓摘心整枝，应在幼苗6片真叶时进行，摘心后保留3～5条生长相近的子蔓，使其平行生长，摘除其余子蔓及坐瓜前子蔓上发生的孙蔓。

5. 选留果实

小西瓜栽培，不论是主蔓还是侧蔓，均以第二雌花留瓜为宜（10～15节）。此外，可根据植株的生长势留瓜，生长势强时，可利用低节位雌花留瓜；反之，则推迟留瓜节位。每株西瓜的同一茬瓜，留瓜数愈多，瓜就愈小，其整齐度也愈差。生产中一般以每株留2～3个瓜为宜，坐瓜多时应适当疏瓜，尤其是根瓜要及时疏掉，以防坠秧。头茬瓜生长10～15天后即可留二茬瓜。

6. 肥水管理

在施足基肥、浇足底水、重施长效有机肥的基础上，头茬瓜采收前原则上不施肥，不浇水。若表现水分不足，应于膨瓜前适当补充水分。在头茬瓜大部分采收后第二茬瓜开始膨大时进行追肥。追肥以钾、氮肥为主，适当补充磷肥，每667米^{2}可追施三元复合肥50千克，于根的外围开沟撒施，施后覆土浇水。第二茬瓜大部分采收、第三茬瓜开始膨大时，每667米^{2}于根外围开沟撒施三元复合肥50千克，并适当增加浇水次数。

7. 采 收

小西瓜瓜个小，从雌花开放到果实成熟时间较短，

在适温条件下，果实发育期约为 25 天，较普通西瓜早熟7～8 天。采收前的气候条件、果实成熟度与品质有关，温度较高、光照较充足、土壤湿度较小，则果实品质优良；反之，则品质下降。果实的成熟度可根据开花后至采收前天数推算，还可采用剖瓜试样方式确定。以生产多茬瓜为目的时可适当提前采收，减少植株养分消耗，以利于下一茬瓜的生长和膨大，提高总产量。

第九章
棚室西瓜无土栽培

西瓜无土栽培是指不用天然土壤，将西瓜栽培在加有营养液的介质中，由营养液提供水分和养分，使西瓜完成生长发育过程的栽培方式。西瓜无土栽培包括基质栽培、水培和雾培，其中基质栽培是西瓜无土栽培的主要模式。

一、西瓜无土栽培的优势

1. 克服连作障碍

西瓜连作产生土传病害，通过嫁接栽培的方法得到了有效解决。但是，随之又产生了砧木连作障碍，导致西瓜果腐病、急性凋萎病、根结线虫病等病害的发生。在选择具有较强抗性的西瓜品种和砧木品种的同时，采用无土栽培是克服连作障碍的有效措施。

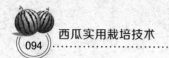
2. 解决土壤贫瘠问题

我国很多地区的土壤十分贫瘠，土层浅、瘠薄，年降水量少，水资源匮乏，严重威胁着当地农作物的生产。采取无土集约化栽培，即利用当地有效资源，解决土壤和水资源等匮乏问题。

3. 合理开发循环农业和生态农业

农业生产过程中产生的农作物秸秆、蔬菜残秧枯叶、食用菌下脚料、椰壳、稻糠、中药药渣、沼气渣等农业垃圾，处理不好将造成环境污染。合理利用这些农业附属品作为基质，进行无土栽培，可达到保护生态环境，实现持续、高效、循环利用的绿色农业生产目的。

二、基质配方与消毒处理

1. 基质配方

西瓜无土栽培基质配方：草炭＋锯末＝1:1混合；草炭＋蛭石＋锯末＝1:1:1混合；草炭＋蛭石＋珍珠岩＝1:1:1混合；草炭＋河沙＝1:3混合；炉渣＋锯末＝2:3混合；炉渣＋腐熟树皮＝3:2混合；炉渣＋草炭＝3:2混合；炉渣＋椰壳＝3:2混合；椰壳＋河沙＝4:1混合；腐熟鸡粪或猪粪＋菇渣＋谷壳灰＋细煤渣＝2:4:3:1混合；菇渣＋草炭＋河沙＝2:1:1混合等。

基质选择应遵循因地制宜、就地取材的原则。例如，广西甘蔗种植面积大，甘蔗渣来源丰富，价格低廉，可选用甘蔗渣作基质应用；海南地区椰壳、椰树皮资源丰富，可发酵为熟椰糠作基质应用；黑龙江地区草炭资源丰富，草炭可作首选基质。全国各地都有自己的特色基质资源，可挖掘、加工并在试验后推广使用。

2. 基质加工与消毒

草炭、炉渣等使用前要粉碎、过筛，粒径以1.6毫米大小为宜，使用前用水冲洗1~2次。蛭石宜用3毫米以上的颗粒。基质在第一次使用和再使用前均应进行消毒处理，常用消毒方法有蒸汽消毒法、化学消毒法和薄膜覆盖高温消毒法等。

（1）**蒸汽消毒**　此法简便易行，经济实惠，安全可靠。凡在温室栽培条件下以蒸汽进行加热的，均可进行蒸汽消毒。方法是将基质装入体积为1~2米^{3}的柜内或箱内，用通气管道通入蒸汽后进行密闭消毒。温度保持在70℃~90℃条件下15~30分钟即可。

（2）**化学消毒**　采用的化学消毒剂一般有甲醛、漂白粉剂等。

①甲醛　40%甲醛，是一种良好的杀菌剂，但对害虫防治效果较差。使用时先用水稀释成40~50倍液，然后用喷壶每立方米基质喷洒20~40千克，将基质均匀喷湿，喷洒完毕后用塑料薄膜覆盖至少24小时。使用前揭去薄膜让基质风干2周左右，以免残留药物危害。

②漂白粉剂　即次氯酸钙。该消毒剂尤其适宜于砾石、沙子消毒。一般在水池中配制成0.3%~1%的药液

（有效氯含量），浸泡基质半小时以上后，用清水冲洗，消除残留氯。此法简便迅速，短时间内即可完成。次氯酸也可代替漂白粉剂用于消毒。

（3）**薄膜覆盖高温消毒法**　该法在我国南方地区温室大棚中使用较多。夏季高温季节，把基质堆成高20～30厘米的堆（长、宽视场所情况而定），喷湿基质，使其相对含水量超过90%，然后用塑料薄膜覆盖基质堆，密闭棚室，暴晒10～15天，消毒效果很好。

三、基质配制

1. 育苗基质

可选用上述基质配方中的任意一种，每立方米基质中加入消毒鸡粪7千克、磷酸二铵0.3千克、硫酸钾70克，混匀后装入营养钵或育苗穴盘，育苗时浇干净的清水。

2. 栽培基质

可选用上述基质配方中的任意一种，每立方米基质中加入消毒鸡粪15～18千克、磷酸二铵0.5千克、硫酸钾0.5千克，混合均匀后备用。

四、栽培形式

无土栽培是在大棚或温室内进行的，常采用以下栽培形式。

1. 槽 栽

在大棚或温室内用水泥、砖或塑料板、木板等建成宽 40～90 厘米、高 15～20 厘米的栽培槽，槽距70～80 厘米，槽底铺一层 0.1 毫米厚的聚乙烯薄膜与地面土壤隔离，防止地下害虫危害。在薄膜上铺大块煤渣等比较轻又利于排水的废弃物 20 厘米厚左右，再铺上无纺布，最后放置事先配好的基质材料。

2. 枕式袋栽

用直径 20～35 厘米的桶形膜袋，剪成长 70 厘米的筒，封严一头将基质材料装满，每袋栽 2 株（栽培时袋两端各开 1 个直径 8～10 厘米的定植孔）。

3. 桶式袋栽

用塑料桶，每桶装基质 10～15 升，栽 1 株。

4. 其 他

生产中还可采用塑料盆、瓷盆等装入基质进行栽培。

五、田间管理

1. 棚室消毒

育苗或栽培时，大棚或温室应提前 3～5 天进行消毒，一般每立方米空间用 40% 甲醛 10 毫升熏蒸，密闭棚室消毒 24 小时即可。

2. 茬口安排

大棚西瓜无土栽培，春茬在 2 月中旬播种，3 月中下旬定植，6 月初收获。秋茬种植，我国北方地区播种期在 6 月底至 7 月初，收获期在 10 月上旬；南方地区播种期在 8 月底至 9 月初，收获期在 11 月底至 12 月初。

3. 培育壮苗

浸种催芽方法参照大棚西瓜育苗技术部分相关内容。播种时，一般采用营养袋（钵）或育苗盘育苗。先把配制好的基质填满营养袋或育苗穴盘上的穴孔，用手指打 1～1.5 厘米深的小孔，放入催好芽的种子，每袋（穴）1 粒，再用育苗基质盖种。然后用喷雾器或洒水壶浇透水，保湿到出苗。出苗后根据情况采用不定时喷水至移栽定植。瓜苗长至 2～3 片叶时即可定植。每个栽培槽定植 2 行，株距 50 厘米，每 667 米^2 定植 1500 株左右。定植时苗须轻拿轻放，每挖 1 个穴，取秧苗放入穴内，回填基质，不必压实。定植深度以子叶露出基质表面为好，定植后浇透定植水。

4. 肥水管理

基质栽培西瓜，由于基质含有西瓜所需的大量养分，在肥水管理上与土壤栽培基本一致。全生育期一般需浇 4 次水，追 3 次肥。定植后，浇 1 次定植水，此次浇水不需要追肥。第二水是甩蔓水，即在西瓜授粉前进行浇水，此次浇水结合追肥进行。每 667 米^2 可追施尿素 10 千克、硝酸钾 5 千克或硫酸钾 7.5 千克，追肥方法为先用水充分溶解肥料，然后倒入施肥罐内，随着浇水施入。第三次浇水，是膨瓜水，也是结合追肥进行。每 667 米^{2}可追施尿素 7 千克、硝酸钾 7 千克或硫酸钾 10 千克，也是充分溶解后，随滴灌进行施肥浇水。第四次浇水在西瓜"定个"时，是最后 1 次施肥浇水。此次以钾肥为主，每 667 米^{2}可施硝酸钾 5 千克或硫酸钾 7 千克，方法与前两次相同。

5. 植株调整

西瓜无土栽培多实行二蔓或三蔓整枝，即于植株 4～5 片叶时摘心，子蔓抽生后保持 2～3 个生长相近的子蔓平行生长，摘除其余子蔓。如果实行四蔓或五蔓整枝，则于植株 5～6 片叶时摘心，子蔓抽生后保持 4～5 个生长相近的子蔓平行生长。也可实行保留主蔓整枝，即保留主蔓，同时在基部留 2～3 个子蔓，摘除其余子蔓和孙蔓，最后保留 3～4 蔓整枝。

西瓜无土栽培采用立架栽培方式。植株长至 50 厘米左右时，开始绑第一道蔓，绑蔓时将瓜蔓向一侧进行盘条后再上架，以后每隔 5 片叶引蔓 1 次，一般每根茎蔓绑 4～5 道即可。绑蔓时注意不要绑得太紧，绑牢即可，为缩短瓜蔓的高度，可采取"S"形绑蔓。

西瓜无土栽培多选用小型瓜品种，以主蔓或侧蔓上 2～3 雌花坐瓜为宜。一茬、二茬瓜每株留瓜 2～4 个，二蔓、三蔓整枝留 2 个瓜。第一批果实"定个"后，再出现的侧枝就不需要去掉了，每个侧枝均可授粉坐瓜。

前期为提高坐瓜率，在雌花开放时，应进行人工授粉，特别是在早春大棚种植，气温低、光照弱、昆虫少的情况下，更应进行人工辅助授粉。如果连续阴雨，花粉量少，可使用适宜浓度的坐瓜灵进行蘸花促进坐瓜，同时进行人工授粉，以利于果实膨大。但注意防落素使用浓度不宜过大，以免形成畸形瓜、裂瓜等药害。

第十章
日光温室西瓜栽培

一、栽培茬口

日光温室西瓜早春栽培，2月中下旬播种育苗，苗龄35～40天，采用加温方式育苗，4月上中旬定植于温室内，6月初上市；秋延后栽培，7月下旬播种，苗龄20天左右，9月上旬加盖棚膜，9月下旬加盖保温草苫，10月份前后上市；冬春栽培，10月上旬播种，翌年元旦开始收瓜，春节后采收完毕。

二、品种选择及处理

1. 品种选择
选用耐低温、耐弱光、结瓜性好的中早熟品种作接

穗，如特小凤、风光、小龙女、小霸王等品种。砧木可用菜葫芦、瓠瓜，也可用黑籽南瓜。

2. 种子处理

方法是先用种子量 5 倍的 50℃温水浸种，将种子倒入后不断搅动，至水温 30℃为止，浸泡 24 小时。捞出后放在 30℃条件下催芽，种子露白即可播种。

三、嫁接育苗

1. 营养土配制

营养土最好以 10 年以上未种过西瓜的优质园田土和充分腐熟的细粪干组成，二者各占 50%，另加少量压细的磷酸二铵。如果园田土为黏质壤土，还应加入占总量 1/3 左右的炉渣灰。用配制好的营养土铺成 10 厘米厚的育苗床。

2. 嫁接育苗方法

日光温室西瓜栽培采用嫁接育苗，一般选用菜葫芦、瓠瓜作砧木。嫁接应在无风晴暖的天气进行，嫁接前 1～2 小时对砧木和接穗苗充分浇水，并准备好竹签、刀片、嫁接夹、营养钵等。营养钵直径 8 厘米、高 10 厘米，内装 9 厘米厚的营养土。嫁接可采用靠接法，也可采用插接法。

（1）嫁接方法

①靠接法　接穗西瓜应比砧木（菜葫芦、瓠瓜）提

前播种 5～7 天。砧木和西瓜种子均采用温水浸种催芽，分别播在苗床上。床土要求疏松，播种时株距大一些，以防提苗时受伤。西瓜播后 10～12 天、第一片真叶展开，砧木播种后 3～5 天、两片子叶展开为嫁接适期。

②插接法 插接要求砧木早播 2～3 天或与接穗同期播种。一般在西瓜播后 7～8 天、两片子叶展开，砧木第一片真叶展开，为嫁接适期。嫁接时先用消过毒的竹签去掉砧木的生长点、腋芽和真叶，将竹签从一侧叶片基部向下穿刺 0.5～0.8 厘米，注意不要刺透胚茎的外表皮。然后将西瓜苗从苗床起出，用刀片自子叶下部 1～1.5 厘米处向下削成一斜面，将其斜面向下插入砧木中，用嫁接夹夹好固定，栽入苗床。

（2）**嫁接苗管理** 西瓜幼苗嫁接后的环境管理直接关系到成活率的高低，因此必须创造适宜的环境条件。加速接口愈合和幼苗生长，掌握适宜的温度、湿度、光照及通气条件是关键技术。

①温度管理 嫁接伤口愈合的适宜温度为 28℃ 左右。幼苗嫁接后应立即栽入小拱棚中，嫁接苗排满后，及时将薄膜四周压严，以保温保湿。一般嫁接后 1～3 天内，白天苗床温度保持 23℃～30℃、夜间 18℃～20℃，10 厘米地温保持 24℃～28℃。4～6 天后，开始通风，适当降温，白天苗床温度降至 22℃～28℃、夜间 15℃～18℃，10 厘米地温保持 20℃～25℃。10 天后白天苗床温度 23℃～25℃、夜间 10℃～12℃，10 厘

米地温保持 15℃～18℃。

②湿度管理　嫁接后苗床内应保持适宜的湿度，防止接穗失水引起凋萎，影响成活率。但是，嫁接后 3～5 天，拱棚内湿度不宜过高，空气相对湿度控制在 85%～95%，防止烂苗。

③光照管理　嫁接初期为防止苗床温度过高和保持苗床湿度，应在小拱棚外面覆盖稀疏草苫及遮阳网等进行遮光，以免阳光直接照射而导致幼苗凋萎。插接的苗床更要注意遮阳防晒，在温度偏低时应当多见光，促进伤口愈合。一般嫁接后 2～3 天，可在早、晚撤去覆盖物，接受散射光；中午前应覆盖遮光。7 天之后，可不再遮光。

④通风管理　嫁接后 3～5 天，嫁接苗开始生长时进行通风，初期通风量要小，逐渐增加通风量。8～10 天之后大通风，进行降温炼苗。但应注意幼苗的生长情况，如发现幼苗有萎蔫现象，应停止通风，遮阴喷水。嫁接 15 天后嫁接苗成活，及时切去西瓜根。一般嫁接苗 4 叶 1 心时即可定植。定植后，正常生长时可将嫁接夹去掉。

四、整地定植

定植前结合整地每 667 米^{2}施优质有机肥 5 000 千克、饼肥 50 千克、磷酸二铵 50 千克，深翻搂平做畦。吊蔓或立架栽培，株行距为 40 厘米×90～100 厘米，每 667 米^{2}栽 1 600～1 800 株。

五、田间管理

1.温度管理

定植后结瓜前以蹲苗为主，白天温度保持23℃～27℃、夜间13℃～15℃，伸蔓后吊绳。11月中旬以后天气逐渐转冷，要注意保温增温，白天温度保持25℃～30℃、夜间14℃～17℃。

2.肥水管理

定植到开花是促秧时期，需要适当追施速效化肥，促进茎叶适中生长。特别是团棵后，追肥要根据植株叶色而定，促使植株尽快发展到适宜的叶面积。嫁接苗根系发达，吸收能力强，应比自根苗适当少追速效氮肥，以防茎叶徒长，造成开花结瓜推迟。坐瓜以后，由于果实膨大，需要越来越多的水分和养分，要重追肥1次。在雌花授粉受精后4～6天，当幼瓜长到鸡蛋大小、表面的茸毛逐渐脱落、瓜面呈现明显的光泽时，表明瓜已经坐住，一般不会再发生落果现象。脱毛还表明开始进入果实迅速膨大期，应加强肥水管理，每667米^{2}随水冲施三元复合肥20～30千克。后期多采用根外追肥的方法，可叶面喷施0.3%尿素加0.2%磷酸二氢钾混合液，还可同时加入西瓜专用植物生长调节剂和防治病虫害的药剂。

在定植穴浇水的基础上，缓苗后顺沟浇1次大水，以后注意划锄保墒。团棵期结合追肥在栽培畦的沟里适量浇水，以促棵快长。如果植株生长旺盛，不缺水，可以不浇。生产中判断是否缺水不能只看土壤表面（地表湿润往往只是一种假象），而要从植株的长相和长势上去看。果实膨大期需水量增加，一般需浇水2～3次。结果后期停止浇水，利于积累糖分，可提高西瓜品质。

3. 植株调整

三蔓整枝，保留主蔓和2个子蔓，用尼龙线吊蔓。因寿光日光温室内设有专供吊蔓用的东西向拉紧的钢丝（24号或26号钢丝）三道，在东西向拉紧的吊架钢丝上，按棚室南北向西瓜行的行距，设置顺行吊架铁丝（一般用14号铁丝）；在顺行吊架铁丝上，按本行中的株距挂上垂至近地面的尼龙绳作吊绳。吊绳的下端拴固在深插于植株之间的短竹竿上，短竹竿地上高度20～30厘米。人工引蔓上吊架时，将西瓜蔓轻轻松绑于吊蔓绳上即可。吊蔓的好处：可通过移动套拴于东西向拉紧吊架钢丝上的吊架铁丝相邻之间的距离，来调节吊架茎蔓的行距大小；也可通过移动吊架铁丝上的吊绳相邻之间距离，来调节吊蔓株距大小。如此可使茎叶分布均匀，充分利用空间，改善田间透光条件。保护地栽培须采取人工授粉，授粉后做一标记。留瓜时摘除主蔓上第一雌花，其余均可留瓜，每株留瓜2～3个。坐瓜的茎蔓在幼瓜前留10～12片叶打顶，瓜膨大到2千克左右后用草圈或网兜将瓜吊起。

4. 灾害性天气防御

灾害性天气即在外界环境条件下出现的对冬暖棚室生产造成危害的连续阴雨、低温、大风、大雪等不良天气。灾害性天气的危害主要是冻害和弱光造成的"光饥饿"死苗。出现灾害性天气后，应根据情况，采取积极的防护措施，防止棚室出现不应有的损失。低温冻害的防护措施：连续阴天时，要加盖草苫或防雨保温膜，以减少棚室内温度的消耗。棚室温度降至8℃以下时，要考虑临时加温，可采用煤炉加排烟筒加温、炭火盆加温，也可采用电热线加温。用煤炉或炭火盆加温时，要注意及时排除有害气体。有人错误地认为，采用木炭燃烧不产生煤气，在棚室加温时不采取任何防护措施，导致操作人员中毒事件发生。光照不足防护措施：阴雨雪天，为了保温连续盖草苫4～5天，这样会因光饥饿死苗。生产中阴天要揭苫，雨雪天气也要尽量揭苫，可隔一苫揭一苫，使棚室有少量散射光，有条件的可在棚室吊灯泡补光。遇到连续4～5天以上的阴雪天气又骤然转晴后，切勿早揭和全揭苫，以防气温突然升高、光照突然加强，导致"闪苗"死棵。生产中可采取揭"花苫"、喷温水的方法，防止闪秧死棵。即适当推迟揭草苫的时间，并且要求隔1～2苫揭开1苫，使棚内栽培床隔片、隔段受光和遮光。当受到阳光照射的植株出现萎蔫现象时，立即喷洒15℃左右的温水，并将已揭开的草苫覆盖，将仍盖着的草苫揭开。如此操作管理1个白天，第二天按

常规管理拉揭草苫，就不会出现萎蔫闪秧了。这一技术寿光菜农称之为"连阴天，揭花苫，喷温水，防闪秧"。

5. 病虫害防治

苗期病害有立枯病、猝倒病，生长期病害有病毒病、蔓枯病和炭疽病等；虫害主要有蚜虫。立枯病、猝倒病可用 72.2% 霜霉威水剂 400 倍液喷施防治，病毒病可用 20% 吗胍·乙酸铜可湿性粉剂 500 倍液喷施防治，蔓枯病可用 40% 氟硅唑乳油 8 000 倍液喷施防治，炭疽病可用 60% 福·福锌可湿性粉剂 600 倍液喷施防治，蚜虫可用 20% 吡虫啉可湿性粉剂 2 000 倍液喷施防治。

6. 采　收

坐瓜后 45～50 天，瓜基本成熟时即可适时采摘上市。

第十一章
棉花与西瓜套种栽培

棉花与西瓜套种栽培，可充分利用光能、地力、空间等资源，提高棉田综合效益，一般可每 667 米^2 产籽棉 250～300 千克、西瓜 3 500 千克。

一、品种选择

西瓜选择成熟早、产量高、品质好的抗裂京欣 1 号和抗病早冠龙等品种；棉花选择高产、优质、抗病品种。

二、种植形式

1.4 米为 1 个种植带，1 行棉花 1 行西瓜。棉花与西瓜小行间距 40 厘米，大行间距 100 厘米。棉花株距 20

厘米，每 667 米^2 种植 2 400 株左右。

三、西瓜栽培技术要点

1.施足基肥，浇足底墒水

结合整地每 667 米^2 施优质粗肥 3～5 米^3、饼肥 150 千克、磷酸二铵 20 千克、硫酸钾 30 千克。粗肥耕地前撒施，饼肥和化肥充分混合均匀后按 1.4 米行距开沟施入，沟宽 40 厘米、深 20～30 厘米，将肥与土充分混匀后回填到沟内，并浇足底墒水。

2.播 种

播种前进行种子处理，可用 70% 甲基硫菌灵可湿性粉剂 500 倍液浸种 30 分钟捞出，用清水冲洗干净后，再用温水浸泡 6 小时，捞出催芽，种子露白即可播种。

3.田间管理

出苗后及时查苗，发现缺苗及时补种。子叶展开时进行间苗，2 片真叶时定苗，定苗时要留壮去弱。整枝时可只留 1 条主蔓，也可留 1 条主蔓和 1 条健壮侧蔓，其余侧枝全部摘除，这样瓜成熟早、坐瓜率高。当开放 2～3 朵雌花时，在早晨 6～8 时进行人工授粉，方法是取 1 朵雄花除去花瓣，把开放花粉轻轻地抹在雌花的柱头上，1 朵雄花可授 2 朵雌花。为使西瓜优质、高产，应选留第二雌花坐瓜。

西瓜坐瓜到成熟前是需肥高峰期，占总量的 70% 以上。当主蔓长至 20 厘米时，每 667 米^{2}追施尿素 5～10 千克。当幼瓜长到碗口大时，每 667 米^{2}追施硫酸钾型三元复合肥 15 千克，追肥与浇水同时进行。伸蔓水要小，膨瓜水要足，结瓜后期停止浇水。

4. 病虫害防治

西瓜常见病害有枯萎病、病毒病等。枯萎病用 12% 松脂酸铜乳油 500 倍液灌根防治，炭疽病用 58% 甲霜·锰锌可湿性粉剂 500 倍液喷雾防治，病毒病用 20% 吗胍·乙酸铜可湿性粉剂 500 倍液喷雾防治，每 5～7 天防治 1 次，连续防治 3 次。害虫主要有蚜虫和白虱粉，可用吡虫啉或啶虫脒等农药防治。

四、棉花栽培技术要点

棉花按规定株行距于 4 月 25 日前后在西瓜行中套种。西瓜拉秧后及时清除瓜蔓、杂草，并进行中耕。整枝时注意留靠果枝处 2～3 个叶枝，叶枝于 7 月 10 日前后打顶尖，主茎于 7 月 15～20 日打顶尖。及时防治棉铃虫、棉盲蝽及蚜虫等害虫。其他管理同单作棉田。

五、注意问题

西瓜提前 30 天左右播种于小拱棚，以减轻棉花与西瓜争光、争水、争肥的矛盾。重施基肥，增施磷、钾肥。

西瓜与棉花套种，其主要矛盾是互相争肥，而且套种后不便于追肥，因此播种前要施足基肥。西瓜需钾较多，每 667 米^2 可增施钾肥 10～15 千克。同时，西瓜在磷肥充足的条件下，味道更甜，应在西瓜生长发育期多施磷肥或叶面喷施磷酸二氢钾。防治病虫害要掌握关键时期，应选用高效低毒农药，尽量减少用药次数，可采用涂茎用药技术，或在用药时将西瓜果实用塑料薄膜盖好，避免瓜体受农药污染。

第十二章
西瓜病虫害防治

一、生理性病害及防治

西瓜生理性病害（非侵染性病害）是指受不良环境因素影响而引起的植株或果实异常现象。在西瓜生长发育过程中，由于不合理的耕作、栽培、肥水管理及不适宜的环境条件影响，常会引起生理性病害的发生，降低西瓜的产量和品质。

1.僵　苗

（1）**症状表现**　植株矮小，生长缓慢，根发黄甚至褐变，新生的白根少，是苗期和定植前期的主要生理性病害。

（2）**发生原因**　①气温和地温低。②土质黏重，土壤含水量高。③定植时伤根过多。④整地、定植时操作粗放，根部架空。⑤苗床或定植穴内施用未经腐熟的农家肥发热烧根或施用化肥较多且离根较近，土壤溶液浓度过高而伤根。

（3）**防治方法** ①改善育苗环境，培育生长正常、根系发育好、苗龄适当的健壮幼苗。②定植后防止受到冷害和冻害。③定植后防止沤根。④施用腐熟有机肥，施用化肥要适宜并与主根保持一定距离。

2. 徒 长

（1）**症状表现** 苗期及坐瓜前表现为节间伸长，叶柄和叶身变长，叶色淡绿，叶片较薄，组织柔嫩；在坐瓜期表现为茎粗叶大，叶色浓绿，生长点翘起，不易坐瓜。

（2）**发生原因** ①苗床或大棚温度过高，光照不足，土壤和空气湿度高。②氮素营养过剩，营养生长与生殖生长失调，坐瓜困难。

（3）**防治方法** ①控制基肥的施用量，前期少施氮肥，注意磷、钾肥的配合施用。②苗床或大棚栽培时，温度应采取分段管理，适时通风、排湿，增加光照，降低夜温。③对已经徒长的植株，可通过适当整枝和摘心以抑制营养生长，可采取去强留弱的整枝方式或部分断根等手段控制营养生长，并进行人工辅助授粉，促进坐瓜。

3. 粗 蔓

（1）**症状表现** 此病从西瓜甩蔓到瓜胎坐住后开始

膨大期间均可发生。发病后，距生长点8～10厘米处瓜蔓显著变粗，顶端粗如大拇指且上翘，变粗处的蔓脆易折断纵裂，并溢出少许黄褐色汁液，生长受阻。以后叶片小而皱缩，类似病毒病，影响西瓜的正常生长，不易坐瓜。

（2）**发生原因**　偏施氮肥，浇水量过大，或田间土壤含水量过高，温度忽高忽低，土壤缺硼、锌等微量元素。植株营养过剩，营养生长过于旺盛，生殖生长受到抑制，植株不能及时坐瓜。

（3）**防治方法**　①选用抗逆性强的品种。早熟品种易发生粗蔓，中晚熟品种发生较轻或不发生。②加强苗期管理，培育壮苗，定植无病壮苗。③采用配方施肥，平衡施肥，增施腐熟有机肥和硼、锌等微肥，调节养分平衡，满足西瓜生长对各种养分元素的需要。④保护地加强温湿度管理，注意通风和充分见光，促使植株健壮生长。⑤症状发生后，用50%异菌脲可湿性粉剂1500倍液＋0.3%～0.5%硼砂溶液＋1.8%复硝酚钠水剂6000倍液喷雾，或50%异菌脲可湿性粉剂1500倍液＋0.3%～0.5%硼砂溶液＋0.2%尿素溶液喷雾，每4～5天喷1次，连喷2次。

4. 急性萎蔫

（1）**症状表现**　急性萎蔫为西瓜嫁接栽培容易发生的一种生理性萎蔫，其症状表现为初期中午地上部萎蔫，傍晚尚能恢复，经3～4天反复后枯死，根茎部略膨大，无其他异状。与侵染性枯萎病的区别在于根颈维管束不发生褐变，发生时间在坐瓜前后，在连续阴雨弱光条件下容易发生。

（2）**发生原因** ①与砧木种类有关，葫芦砧发生较多，南瓜砧发生较少。②从嫁接方法看，劈接较插接容易发病。③砧木根系吸收能力随着果实的膨大而降低，而叶面蒸腾则随叶面积的扩大而增加，根系的吸水不能适应蒸腾而发生凋萎。④农事操作抑制了根系的生长，加大了吸水与蒸腾之间的矛盾，导致凋萎加剧。⑤光照弱会提高葫芦、南瓜砧急性凋萎病的发生。

（3）**防治方法** 选择适宜的砧木，通过栽培管理增加根系的吸收能力。

5. 畸 形 瓜

（1）**症状表现** 瓜的花蒂部位变细，瓜梗部位膨胀，常称尖嘴瓜；瓜的顶部接近花蒂部位膨大，而靠近瓜梗部较细，呈葫芦状；瓜的横径大于纵径，呈扁平状；果实发育不平衡，一侧发育正常，而另一侧发育不正常，呈偏头状。

（2）**发生原因** 西瓜在花芽分化阶段，养分和水分供应不均衡，影响花芽分化；或花芽发育时，土壤供应或子房吸收的锰、钙等矿质元素不足；或在干旱条件下坐瓜以及授粉不均匀，昆虫活动的破坏影响，均易产生畸形瓜。

（3）**防治方法** ①加强苗期管理，避免花芽分化期（幼苗2～3片真叶）受低温影响。②控制坐瓜节位，2～3朵雌花留瓜。③采取人工授粉，每天上午7时至9时30分用刚开放的雄花轻轻涂抹雌花，尽量采用异株雄花或多个雄花给一朵雌花授粉，授粉量大，涂抹均匀利于瓜形周正。④适时追肥，防止生产中脱肥，在70%果实长至鸡蛋大小时，及时浇膨瓜水、施膨瓜肥，并注意少施氮肥，偏施磷、钾肥，以控制植株徒长，促使光合作用同化养分在植株体内正常运转。⑤防治虫害。

6.空心瓜

（1）**症状表现**　西瓜成熟前瓜瓤出现开裂、缝隙、空洞等现象统称为空心瓜。西瓜果实在坐瓜后进行细胞分裂，增加果实内的细胞数量，然后通过细胞膨大而使果实迅速膨大。如果细胞分裂时，受到不适宜的光、温、肥、水等外界条件影响，细胞分裂受限，数量增加减慢，体积不能正常增大，不能填满果实内空间则会形成空心，或相邻细胞壁破裂形成空心。

（2）**发生原因**　①品种间差异较大。②坐瓜时温度偏低。西瓜是喜高温作物，开花期适宜温度为25℃，坐瓜适宜温度为25℃～30℃，果实成熟期的适宜温度为30℃。坐瓜后，如果温度太低，细胞分裂的速度变慢，使果实中的细胞达不到足够的数量，后期随着温度的升高，瓜皮迅速膨大，由于果实内细胞数量不足，不能填满果实内空间就会形成空心。③果实发育期阴雨寡照。西瓜为喜光作物，开花后需要较长的日照时间与较强的光照。光照时间 14 小时左右，最有利于西瓜开花和果实的发育。果实发育期间阴雨天多，光照少，光合作用受到影响，营养物质严重不足，就会影响果实内细胞分裂和细胞体积增大，而瓜皮发育相对需要较少的营养，在营养不足时仍发育较快，因而形成空心。此外，阴雨寡照时，如果氮肥使用过多，茎叶会与果实争夺养分，使果实养分供应不足而形成空心。④膨瓜期肥水不足。

（3）**防治方法** ①品种选择。注意选用抗病性强、适应性好、品质优良、耐低温弱光、适宜当地消费习惯的品种。春季大棚栽培一定要选用抗低温弱光的早熟品种。②适当控制播种期，不能盲目提早。③加强田间管理。基肥以磷肥和有机肥为主，苗期轻施氮肥，抽蔓期适当控制氮肥增施磷肥，促进根系生长和花芽分化，提高植株耐寒性。坐瓜后增施速效氮、钾肥，增强植株的抗病性。西瓜生育前期避免土壤水分变化过大，果实坐住前要适当控制肥水，防止疯长，坐住瓜后可喷施 0.3%磷酸二氢钾溶液等叶面肥，以满足西瓜膨大对养分的需要。及时进行病虫害防治。④采用 2～3 蔓整枝，选择主蔓第二雌花以上的雌花坐瓜，可使瓜形端正、瓜大、品质好。⑤适时收瓜。根据运程的远近确定西瓜采收成熟度。九成熟以上的西瓜长途运输易发生空心现象，特别是对易空心的沙瓤品种应适当提早采收。

7. 肉质恶变瓜

（1）**症状表现** 肉质恶变，又称瓜肉溃烂病。瓜肉呈水渍状，紫红色至黑褐色，严重时种子四周的瓜肉变紫溃烂，失去食用价值。

（2）发生原因　①果实受到高温和阳光照射，致使养分、水分的吸收和运转受阻。②持续阴雨天后突然转晴，或土壤忽干忽湿，水分变化剧烈，植株产生生理障碍时发病重。③西瓜后期脱肥，植株早衰。④出现叶灼病、病毒病的植株易产生肉质恶变瓜。

（3）防治方法　①深翻瓜地，多施腐熟有机肥，保持土壤良好的通气性。②结果期叶面喷施 0.3% 磷酸二氢钾溶液，每 7～10 天喷 1 次，连喷 2～3 次，防止植株早衰。③夏季高温阳光直射的天气，叶面积不足果实裸露时，可用瓜叶或杂草等遮盖果实。④控制蚜虫迁飞，减轻病毒病的发生。

8.裂　瓜

（1）症状表现　从花蒂处产生龟裂，幼瓜和成熟瓜均可发生。通常瓜皮薄的品种和小西瓜品种易发生。

（2）发生原因　①土壤极度干旱后浇水。②高温多雨。

（3）防治方法　①选择适宜品种。②实行深耕，促进根系发育，吸收耕作层底部水分，并采取地膜覆盖保湿。③果实成熟时严禁大水漫灌，避免水分变化太大。

9.脐　腐　瓜

（1）症状表现　果实顶部凹陷，变为黑褐色，后期湿度大时，遇腐生霉菌寄生会出现黑色霉状物。

（2）**发生原因** ①在天气长期干旱的情况下，果实膨大期水分、养分供应失调，叶片与果实争夺养分，导致果实脐部大量失水，使其生长发育受阻。②由于氮肥过多，导致西瓜吸收钙素受阻，使脐部细胞生理紊乱，失去控制水分的能力。③施用植物生长调节剂类药物干扰了果实的正常发育，易产生脐腐病。

（3）**防治方法** ①瓜田深耕，多施腐熟有机肥，以利保墒。②均衡供应肥水。③结瓜期叶面喷施0.5%～1%过磷酸钙浸出液，每15天喷1次，连喷2～3次。

10. 黄　带

（1）**症状表现** 果实纵切从花痕部到瓜柄部的维管束为发达的纤维质带，多为白色，严重时呈黄色。

（2）**发生原因** 在长势过旺的植株上结的果实，成熟过程中遇低温，或叶片受害，或用南瓜砧木的情况下，易形成黄带。

（3）**防治方法** ①用整枝的方法调节植株生长势并保护茎叶。②合理施用氮肥，防止植株徒长。

11. 盐　害

（1）**症状表现** 植株矮小，根系发育不好，根毛少，根色黄，生长势弱。大棚使用时间越长，土壤积累的盐分浓度会越大，危害就越重。

（2）**发生原因** 大棚内土壤盐分积累有两个方面：化学肥料除了被西瓜根系吸收的成分之外，常常含有不能被吸收的成分，残留在土壤中积累下来；土壤中由于硝化作用产生的硝酸盐，也可以积累起来。由于大棚内化肥施用量大，温度高，土壤水分蒸发量大，土壤中的盐分会借毛细管水上升而在表土层聚集，在稍干旱的情况下，表土会有白色盐类析出。

（3）**防治方法**　合理施肥，增施有机肥，减少化肥施用量。达到盐分危害临界的大棚土壤，可在夏、秋时节，撤掉棚膜，大棚休闲2～3个月，通过雨水淋溶，使土壤中的盐分离子随水分下渗和流失。有条件的也可以通过生态修复技术降低土壤盐分。

12.缺素症

（1）缺　氮

①症状表现　西瓜苗期至营养生长期易出现，主要表现在植株自下向上叶片褪绿，颜色变淡，生长缓慢甚至停滞，茎叶细弱，茎蔓新梢节间缩短。幼瓜生长缓慢，果实小，产量低。

②防治方法　苗期缺氮，每株追施尿素20克左右；伸蔓期缺氮，每667米^{2}追施尿素9～15千克；结瓜期缺氮，每667米^{2}追施尿素15千克，或每667米^{2}用400～500千克人粪尿浇施，或用0.2%～0.3%尿素溶液叶面喷施。

（2）缺　磷

①症状表现　根系发育差，植株细小，叶片背面呈紫色。花芽分化受到影响，开花迟，成熟晚，而且易落

花和"化瓜"。瓜肉中往往出现黄色纤维和硬块，甜度下降，种子不饱满。

②防治方法　每667米^{2}开沟施用过磷酸钙15～30千克，或用0.4%～0.5%过磷酸钙浸出液叶面喷施。

（3）缺　钾

①症状表现　一般在花期至果实膨大期表现较多，其主要症状是老叶开始迅速黄化，叶片边缘坏死，并逐步向上扩展。同时，生长量减少，果实膨大较慢。

②防治方法　每667米^{2}沟施硫酸钾5～10千克或草木灰30～60千克，或用0.4%～0.5%硫酸钾溶液叶面喷施。

（4）缺　钙

①症状表现　叶缘黄化干枯，叶片向外侧卷曲，呈降落伞状，植株顶部一部分变褐坏死，茎蔓停止生长。另外，在花芽分化时，进入子房中的钙素不足，容易引起果实畸形。

②防治方法　基肥中增施钙肥，如过磷酸钙等；用0.2%～0.4%氯化钙溶液叶面喷施。

（5）缺　镁

①症状表现　叶片主脉附近的叶脉间首先黄化，然后逐渐扩大，使整叶变黄。一般从下部叶片开始出现黄化症状，逐渐向上部叶片发展。

②防治方法　每667米^{2}施硫酸镁3.5～7千克作基肥；用0.1%硫酸镁溶液叶面喷施。

（6）缺　硼

①症状表现　新蔓节间变短，蔓梢向上直立，新叶变小，叶面凹凸不平。有叶色不均的斑纹，时有横向裂纹，脆而易断，断口呈褐色。严重时生长停止，不能正常结瓜，有时蔓梢上出现红褐色膏状分泌物。

②防治方法　每 667 米^{2}施用硼砂 0.5～1 千克作基肥；植株生长期间发现缺硼时可用 0.1%～0.2% 硼砂溶液叶面喷施。

（7）缺　锰

①症状表现　嫩叶脉间黄化，主脉仍为绿色，进而发展至刚成熟的成叶。缺锰严重时，有从叶缘向中脉发展的趋势，致使主脉也变黄；长期严重缺锰，会使全叶变黄，并逐渐蔓延到老叶上，使其脉间变黄。另外，缺锰还易形成畸形瓜，种子发育不全。

②防治方法　每 667 米^{2}施硫酸锰 1～4 千克作基肥；植株生长期间发现缺锰时可用 0.05%～0.1% 硫酸锰溶液叶面喷施。

（8）缺　铁

①症状表现　首先在植株顶端的嫩叶上表现症状。初期或缺铁不严重时，顶端新叶叶肉失绿，呈淡绿色至淡黄色，叶脉仍保持绿色。随着时间的延长或严重缺铁时，叶脉绿色变浅或消失，整个叶片呈黄色或黄白色。

②防治方法　增施有机肥；改良土壤，碱性土壤施用酸性肥料，也可施用螯合铁等改良土壤；避免磷和铜、

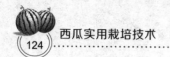
锰、锌等元素过量；科学进行水分管理，防止过干过湿，不要大水漫灌，雨后及时排水；田间出现缺铁症状时，可叶面喷洒 0.1%～0.2% 硫酸亚铁溶液。

二、侵染性病害及防治

1. 猝倒病

西瓜幼苗期的主要病害，可造成大片幼苗死亡，尤其在育苗床的幼苗受害最为常见。

（1）**危害症状**　苗期发病，幼苗茎基部产生水渍状病斑，接着病部变黄褐色，缢缩成线状。病害发展迅速，在子叶尚未凋萎之前幼苗即猝倒，拔出后接触病部的表面极易脱落，在子叶下发病的成为卡脖子苗。有时幼苗尚未出土，胚茎和子叶已经腐烂。有时幼苗外观与健苗无异，但贴伏在地面而不能挺立，检查这种病苗，可看到其茎基部已缢缩似线条状。湿度大时，在病部及其周围的土面长出一层白色菌丝体。

（2）**防治方法**

①严格选择营养土　选用无病的新土、塘土或稻田土，不用带菌的老苗床土、菜园土或庭院土。

②药土盖种　可用 50% 多菌灵可湿性粉剂 0.5 千克加细土 100 千克混匀成药土，播种后覆盖 1 厘米厚。

③加强苗床管理　苗床应选择地势高燥平坦地块，并施充分腐熟的有机肥，采取增温降湿、通风透气，或

撒干沙、草木灰等方法降低苗床湿度。

④药剂防治　发现中心病株及时喷药。可用 70% 甲基硫菌灵可湿性粉剂 800 倍液，或 72% 霜疫清可湿性粉剂 800 倍液，或 72.2% 霜霉威水剂 300 倍液，淋浇苗床。

2. 炭 疽 病

炭疽病是西瓜重要病害之一，各地普遍发生，在多阴雨天气和南方多雨地区发生尤重。

（1）**危害症状**　西瓜叶、蔓、果实均可发病。叶部病斑，初为圆形淡黄色水渍状小斑，后变褐色，边缘紫褐色，中间淡褐色，有同心轮纹和小黑点，病斑易穿孔，病斑直径约 0.5 厘米。外围常有黄色晕圈，病斑上的小黑点和同心轮纹均没有蔓枯病明显，病斑颜色较均匀。叶柄和蔓上病斑梭形或长椭圆形，初为水渍状黄褐色，后变黑褐色。果实受害，初为暗绿色油渍状小斑点，后扩大呈圆形、暗褐色稍凹陷，空气湿度大时，病斑上长出橘红色黏状物，严重时病斑连片，果实腐烂。

（2）**防治方法**

①农业防治　品种间抗病性差异显著，可选用抗病品种；选用无病种子，或进行种子消毒，即 55℃ 温水浸种 15 分钟后冷却；施用充分腐熟的有机肥，采用配方施肥，增强植株抗病力；选择沙质土，注意平整土地，防止积水，雨后及时排水，合理密植，及时清除田间杂草。

②药剂防治　发病初期可用 1% 武夷菌素水剂 200 倍

液，或 36% 甲基硫菌灵悬浮剂 500 倍液，或 80% 福·福锌可湿性粉剂 800 倍液，或 10% 苯醚甲环唑水分散粒剂 1 500 倍液，每隔 7～10 天喷 1 次，连续防治 2～3 次。

3.枯萎病

（1）**危害症状** 枯萎病也叫蔓割病、萎蔫病，西瓜全生育期均可发病。西瓜幼芽受害，在土壤中即腐败死亡，不能出苗。出苗后发病，顶端呈失水状，子叶和叶片萎垂，茎蔓基部萎缩变褐猝倒。茎蔓发病，基部变褐，茎皮纵裂，常伴有树脂状胶汁溢出，干后呈红褐色。横切病蔓，维管束呈褐色。后期病株皮层剥离，木质部碎裂，根部腐烂仅见黄褐色纤维。天气潮湿时，病部常见到粉红色霉状物，即病原菌分生孢子座和孢子团。

（2）**防治方法**

①农业防治 清洁田园，实行长期轮作；选用抗病品种；高垄高畦栽培。

②嫁接防病 可采用专用砧木进行嫁接栽培，方法参照大棚西瓜育苗部分相关内容。

③药剂防治 定植时用 70% 敌磺钠可溶性粉剂 500～700 倍液浇根，每株用药液 250 毫升。从坐瓜期开始，用 50% 多菌灵可湿性粉剂 500 倍液加 70% 敌磺钠可溶性粉剂 500～700 倍液喷施，每 5 天 1 次，连续 4 次，对坐瓜期枯萎病防治效果较好。也可用 20% 三唑酮乳油 500 倍液浇根，每株用药液 250 毫升，也可起到较好的效果。

4.疫 病

（1）**危害症状** 侵染西瓜茎叶与果实。苗期发病，子叶上出现圆形水渍状暗绿色病斑，后中部呈红褐色，近地面缢缩猝倒而死。叶片发病初生暗绿色水渍状圆形或不规则形病斑。湿度大时，软腐似水煮，干时易破碎。茎基部受害，产生纺锤状凹陷的暗绿色水渍状病斑，茎部腐烂，病部以上植株枯死，但维管束不变色，这是与枯萎病的主要区别。果实受害形成暗绿色近圆形凹陷水渍状病斑，很快蔓延扩展到全瓜皱缩软腐，表面长有灰白色绵毛状物。

（2）**防治方法**

①农业防治 选择地势高燥、排灌良好的田块，采用高畦种植，并在植株周围覆盖农膜，行间铺盖作物秸秆，防止雨滴和浇水传病。

②药剂防治 苗期可用 72.2% 霜霉威水剂 400 倍液＋80% 代森锰锌可湿性粉剂 800 倍液＋72% 硫酸链霉素可溶性粉剂 2 000 倍液淋浇幼苗根际，每平方米用药液 3 千克，可兼治其他苗期病害。苗弱时，可加入 0.2% 尿素和 0.3% 磷酸二氢钾溶液，还能促使苗壮。结瓜期，发病前可喷施 40% 三乙膦酸铝可湿性粉剂 200～300 倍液＋高锰酸钾 2 000 倍液，发病后可喷施 80% 霜脲·锰锌可湿性粉剂 800 倍液，每 7～10 天 1 次，连喷 2～3 次。

5. 菌 核 病

（1）危害症状 菌核病在棚室里发生较为严重。从苗期至成株期均可侵染，主要危害茎蔓、叶、叶柄、幼瓜。叶片受害初呈水渍状，后软腐，其上长出大量白色菌丝，逐渐形成黑色鼠粪状菌核。茎蔓受害，初期在主、侧枝或茎部呈水渍状褐斑，高湿条件下，长出白色菌丝。茎髓部遭受破坏，腐烂、中空或纵裂干枯。果实染病多在残花部位，先呈水渍状腐烂，长出白色菌丝，后逐渐扩大呈淡褐色，缠绕成黑色菌核。

（2）防治方法

①农业防治 摘除病、黄、老叶，改善田间通风透光条件，降低棚内温度，以抑制传播和流行；多施基肥，增施磷、钾肥，防止植株徒长，增强植株抗病力等。阴雨天避免浇水，生长前期少浇水等均有一定防效。有条件的地方可实行与禾本科作物隔年轮作，或在西瓜拉秧后进行 1 次 50～60 厘米的深翻，将菌核埋入土壤深层，使其不能萌发或子囊盘不能出土。

②药剂防治 发病初期可喷施 25% 三唑酮可湿性粉剂 3 000 倍液，或 50% 腐霉利可湿性粉剂 1 000 倍液。以后视病情发展每隔 7～10 天喷 1 次 50% 多菌灵可湿性粉剂 300～500 倍液，或 70% 甲基硫菌灵可湿性粉剂 800～1 000 倍液。施药部位重点在植株基部老叶及地表。

6. 白 绢 病

（1）危害症状 主要危害近地面的茎蔓或果实。茎基部或贴地面茎蔓染病，初呈暗褐色，并有白色辐射状菌丝体；果实染病，病部变褐，边缘明显，病部也有白色绢丝状菌丝体，菌丝向果实靠近地表处扩展，后期病部产生出茶褐色萝卜籽状小菌核，湿度大时病部腐烂。

（2）防治方法

①农业防治　有条件的应与玉米、小麦等实行 3～4 年轮作，或与水稻隔年轮作。西瓜收获后深翻土壤，把带有病菌的表土层翻深至 15 厘米以下，促使病菌死亡。在瓜下面垫草，使其不与土壤接触，以减少染病机会。早期发现病株要及时拔除烧毁或深埋。收获后，清理田间，把病蔓、病瓜等病残体彻底清出，以减少菌源。

②药剂防治　发病初期可用 50% 代森铵可湿性粉剂、50% 腐霉利可湿性粉剂、50% 异菌脲可湿性粉剂 1 000 倍液，或 50% 多菌灵可湿性粉剂、50% 甲基硫菌灵可湿性粉剂 500 倍液，在植株茎蔓基部浇灌药液，每株用药液 250 克，每 7 天 1 次，连续浇 2～3 次。

7. 白 粉 病

（1）危害症状　白粉病俗称"白毛"，是西瓜生长中后期的一种常见病害。白粉病发生在西瓜的叶、茎、瓜及花蕾上，以叶片受害最重。发病初期，叶片正、背面及叶柄上发生离散的白粉状霉斑，以叶片的正面居多，逐渐扩大，成为边缘不明显的大片白粉区，严重时叶片枯黄，停止生长。之后白色粉状物变成灰白色，进而出现很多黄褐色至黑色小点，叶片枯黄变脆，一般不脱落。

（2）防治方法

①农业防治　合理密植，及时整枝理蔓，不偏施氮肥，增施磷、钾肥，促进植株健壮生长，提高抗病力。注意田园清洁，及时摘除病叶，减少重复传播病害的机会。

②药剂防治　发病初期及时摘除病叶，然后每隔5～7天喷1次药，连喷3～4次。药剂可选用15%三唑酮可湿性粉剂2 000倍液，或70%甲基硫菌灵可湿性粉剂1 000倍液，或50%苯醚甲环唑水分散粒剂600倍液，或40%氟硅唑乳油600倍液。

8.灰霉病

（1）危害症状　苗期感病，心叶先受害形成"烂头"，以后全株枯死，病部有灰色霉层。成株期感病，病菌多从开败的雌花侵入，使花瓣腐烂，并长出淡灰褐色霉层，进而向幼瓜扩展，致脐部水渍状，幼花迅速变软、萎缩、腐烂，表面密生霉层。叶片一般由脱落的烂花或病卷须附着在叶面引起发病，形成圆形或不规则形大病斑，边缘明显，表面密生灰色霉层。烂瓜或烂花附着茎蔓上时，能引起茎蔓部的腐烂，严重时植株枯死。

（2）防治方法　防治方法可参照菌核病。另外，药剂防治，还可用3%多抗霉素可湿性粉剂600～900倍液，或1%武夷霉素水剂150～200倍液，或25%嘧菌酯悬浮剂1 000～2 500倍液。

9. 蔓枯病

（1）**危害症状**　叶、秧、瓜均能受害，叶片受害症状近似炭疽病。茎受害基部先呈油渍状，有胶状物，稍凹陷，不久呈灰白色，出现裂痕，胶状物干燥变为赤褐色，病斑上可生无数个针头大小的黑粒。节与节之间、叶柄及瓜柄上也出现溃疡状褐色病斑，并有裂痕，叶柄易从病斑处折断。叶片上形成圆形或椭圆形淡褐色至灰褐色大型病斑，病斑干燥易破裂，其上形成密集的小黑粒。果实受害先出现油渍状小斑点，不久变为暗褐色，中央部位呈褐色枯死状，内部木栓化。蔓枯病与炭疽病的区别是病斑上无橘红色分泌物，与枯萎病的区别是发病慢，全株不枯死且维管束不变色。

（2）**防治方法**

①农业防治　避免连作，大棚内加强通风透光，防止过湿，基部老叶要摘除。采取高畦栽培，覆盖地膜，膜下浇水。

②药剂防治　发病初期可喷洒 75% 百菌清可湿性粉剂 600 倍液，或 80% 代森锌可湿性粉剂 800 倍液，或 70% 代森锰锌可湿性粉剂 500 倍液，或 70% 甲基硫菌灵可湿性粉剂 600 倍液。每 7 天喷 1 次，连喷 3～4 次。还可用 60% 敌磺钠可溶性粉剂 500 倍液，或 40% 甲醛 100 倍液，涂抹患病部位。

10. 细菌性角斑病

（1）**症状表现**　叶、叶柄、茎蔓、卷须及果实均可受害。子叶发病产生圆形或不规则形黄褐色病斑。叶片上病斑初呈水渍状，后扩大并呈黄褐色、多角形病斑，有时叶背面病部溢出白色菌脓，后期病斑干枯，易开裂。茎蔓和果实上病斑呈水渍状，表面溢出大量黏液，以后果实病斑处开裂，造成溃烂，从外向里扩展，可延及种子。

（2）防治方法

①农业防治　播种前进行种子处理。生长期间或收获后清除病叶、病株并深埋，实行深耕。

②药剂防治　发病初期，可喷洒 50% 琥胶肥酸铜可湿性粉剂 500～600 倍液，或 72% 硫酸链霉素可溶性粉剂 2 500～3 000 倍液，或 72% 氢氧化铜水分散粒剂 400 倍液。每 7 天喷 1 次，连喷 2～3 次。

11. 细菌性果腐病

（1）**危害症状**　细菌性果腐病又叫"阴皮病"，主要危害果实。果实发育期，病瓜首先在瓜皮上出现直径几毫米的水渍状凹陷斑点，病斑迅速扩展，边缘不规则，呈暗绿色，后逐渐加深呈褐色，瓜面病斑扩大汇成大斑块病区，此时病菌向内渗入瓜肉，果实出现腐烂。严重时，果实表面病斑出现龟裂，并溢出黏稠、透明、琥珀色的菌脓，不堪食用。病瓜中的细菌也侵染种子，并通过种子传播蔓延。

（2）**防治方法**

①农业防治　前茬大棚西瓜收获后，彻底清除病残

体；选用抗病品种和无病种子；播种前进行种子消毒处理；实行合理轮作；加强田间管理。

②**药剂防治**　发病初期，可喷洒 14% 络氨铜水剂 300 倍液，或 50% 琥胶肥酸铜可湿性粉剂 500 倍液，或 72% 硫酸链霉素可溶性粉剂 2 500～3 000 倍液，或 20% 噻菌酮可湿性粉剂 600 倍液，或 47% 春雷·王铜可湿性粉剂 800 倍液。每 7 天 1 次，连续喷洒 3～4 次。

12. 病 毒 病

（1）**危害症状**　西瓜病毒病表现有花叶型、蕨叶型、斑驳型和裂脉型，以花叶型和蕨叶型最为常见。花叶型呈系统花叶症状，顶部叶片表现黄绿相间的花叶，叶形不整，叶面凹凸不平，严重时病蔓细长瘦弱，节间短缩，花器发育不良，果实畸形。蕨叶型表现心叶黄化，叶片变狭长，叶缘反卷，皱缩扭曲，病株难以坐瓜，即使结瓜也容易出现畸形，瓜面形成浓绿色和浅绿色相间的斑驳，并有不规则突起，瓜瓤暗褐色，似烫熟状，有腐败气味，不堪食用。

（2）**防治方法**

①农业防治　选用抗病品种；清除杂草和病株，减少毒源；种子消毒；育苗移栽时避开发病期；施足基肥，轻施氮肥，增施磷、钾肥；在整枝、压蔓操作时，健株和病株分别进行，且先健株后病株，以防止接触传播；及时治蚜。

②药剂防治　苗期可于发病前的 2～4 叶期用卫

星病 N_{14} 进行接种或用 10% 混合脂肪酸水剂进行耐病毒诱导。发病初期可用 20% 吗胍·乙酸铜可湿性粉剂 300～600 倍液，或 1% 菇类蛋白多糖水剂 300～400 倍液喷洒或灌根。也可用 5 毫升/升萘乙酸＋0.2% 硫酸锌溶液，每 7 天喷 1 次，连喷 2～3 次。成株期可喷施五合剂（高锰酸钾 1000 倍液＋磷酸二氢钾 300 倍液＋食用醋 100 倍液＋尿素 200 倍液＋红糖或白糖 200 倍液），每 7～10 天喷 1 次，连喷 3 次，首次喷洒时药液量要大。还可用菌毒清合剂（5% 菌毒清水剂 400 倍液＋磷酸二氢钾 300 倍液＋硫酸锌 500 倍液），每 5～7 天喷洒 1 次，连喷 3 次。

13. 根结线虫病

（1）**危害症状**　根结线虫病发生在根部，以侧根发病较多。在根部上产生许多根瘤状物（根结），根瘤大小不一，表面光滑，初为白色，后变成淡褐色。根结可以互相连接成念珠状，使 1 条根甚至大部分根系全变为根结。地上部植株轻者表现不明显，重者生长缓慢，植株发黄矮小，生长不良，结瓜少而小，甚至不结瓜，植株黄化，萎蔫枯死，易从地下拔出。

（2）**防治方法**

①农业防治　合理轮作；选择抗病品种和嫁接砧木；注意采用充分腐熟的有机肥和无病虫土壤配制营养土；彻底清除病残体；采用淹水法，即在夏季土地休闲时将棚室土壤灌足水，高温闷棚 7～15 天。

②药剂防治 石灰氮消毒法，定植前结合耕地每667米²耕层土壤中施入石灰氮75～100千克、麦秸1000～2000千克或鸡粪3000～4000千克。做畦后浇水，覆盖透明薄膜，四周要盖紧、盖严，并让薄膜与土壤之间有一定的空间，以利于提高地温。密闭大棚，闷棚20～30天。应用此法的最佳时间是在夏季气温高、雨水大、大棚休闲期，即每年的5～8月份；也可在定植前每平方米用1.8%阿维菌素乳油1毫升，稀释成2000～3000倍液喷雾，然后用耙子将药、土混匀。对于生长期发病的植株，可用1.8%阿维菌素乳油4000～6000倍液根部穴浇，每株100～200毫升。还可在定植前每667米²撒施10%噻唑磷颗粒剂4～5千克，或定植时每667米²穴施10%噻唑磷颗粒剂2～3千克。用药后注意通风散气。

三、虫害及防治

1. 蚜 虫

（1）危害特点 以成虫及若虫在叶背和嫩茎上吸食作物汁液。瓜苗嫩叶及生长点被害后，叶片卷缩，瓜苗萎蔫，甚至枯死。老叶受害，提前枯落，缩短结瓜期，造成减产。

（2）防治方法

①农业防治 保护地提倡覆盖24～30目、丝径0.18

毫米的银灰色防虫网，既可防治瓜蚜，又兼治瓜绢螟、白粉虱等其他害虫；黄板诱杀，用不干胶或机油，涂在黄色塑料板上，黏住蚜虫、白粉虱、斑潜蝇等，可减轻受害。

②生物防治　人工饲养七星瓢虫，于瓜蚜发生初期，每667米^{2}释放1500头于瓜株上，可控制蚜量；瓜蚜点片发生时，喷洒1%苦参碱2号可溶性液剂1200倍液，或0.3%苦参碱杀虫剂纳米技术改进型2200倍液，或0.5%印楝素乳油800倍液。

③化学防治　可选用3%啶虫脒乳油1500倍液，或10%吡虫啉可湿性粉剂2000倍液，或70%吡虫啉水分散粒剂10000倍液，或25%噻虫嗪水分散粒剂4000倍液喷雾。抗蚜威对菜蚜（桃蚜、萝卜蚜、甘蓝蚜）防效好，但对瓜蚜效果差。保护地还可选用10%异丙威杀蚜烟剂，每667米^{2}用药36克熏烟。也可选用灭蚜粉尘剂，每667米^{2}用药1千克，用手摇喷粉器喷撒在植株上空，不可喷在瓜叶上。生产上蚜虫发生量大时，可在定植前2～3天喷洒幼苗，并使药液渗到土壤中。要求每平方米苗床喷淋药液2千克，也可直接向土中浇灌，药液控制根部蚜虫、粉虱，持效期20～30天。

2. 白 粉 虱

（1）危害特点　成虫和若虫吸食植物汁液，被害叶片褪绿、变黄、萎蔫，甚至全株枯死。此外，由于其繁殖力强，繁殖速度快，种群数量庞大，群聚危害，并分泌大量蜜液，严重污染叶片和果实，往往引起煤污病的大发生，使蔬菜失去商品价值。

（2）**防治方法**　防治白粉虱应以农业防治为主，加强栽培管理，培育"无虫苗"，积极开展生物防治和物理防治，辅以合理使用化学农药。

①农业防治　提倡温室第一茬种植白粉虱不喜食的芹菜、蒜黄等较耐低温的作物，减少黄瓜、番茄的种植面积；培育"无虫苗"，把育苗房和生产温室分开，育苗前清理杂草和残株，并彻底熏杀残余虫口，同时在通风口及门口安装防虫网，控制外来虫源；避免与黄瓜、番茄、菜豆混栽；棚室附近避免栽植黄瓜、番茄、茄子、菜豆等白粉虱发生严重的蔬菜，提倡种植白粉虱不喜食的十字花科蔬菜，以减少虫源。

②生物防治　可人工繁殖释放丽蚜小蜂，在棚室第二茬西瓜上，当白粉虱成虫在0.5头/株以下时，每隔2周放1次，共3次释放丽蚜小蜂成蜂15头/株，能有效地控制白粉虱危害。

③物理防治　白粉虱对黄色敏感，有强烈趋性，可在温室内设置黄板诱杀成虫。方法是利用废旧的纤维板或硬纸板，裁成1米×0.2米长条，用油漆涂为橙黄色，再涂上一层黏油（可使用10号机油加少许黄油调匀），每667米²设置32～34块，置于行间可与植株高度相同。当白粉虱黏满板面时，需及时重涂黏油，一般7～10天重涂1次。注意防止油滴在作物上造成灼伤。

黄板诱杀与释放丽蚜小蜂应协调运用，并配合生产"无虫苗"，可作为综合治理的几项主要内容。此外，由于白粉虱繁殖迅速并易于传播，在一个地区范围内的生产单位应注意联防联治，以提高总体防治效果。

④药剂防治　由于白粉虱世代重叠，在同一时间、同一植株上存在各虫态，而当前药剂没有对所有虫态皆有效的种类，所以采用化学防治法，必须连续几次用药。可选用的药剂和浓度如下：25%噻嗪酮乳油1000倍液，对白粉虱若虫特效；25%甲基克杀螨乳油1000倍液，对白粉虱成虫、卵和若虫皆有效。2.5%联苯菊酯乳油3000倍液可杀死成虫、若虫、假蛹，但对卵的效果不明显。还可选用50%灭蝇胺可湿性粉剂5000倍液，或25%噻虫嗪水分散粒剂5000倍液，或20%吡虫啉可溶性粉剂4000倍液，或2.5%氯氟氰菊酯乳油3000倍液，或1.8%阿维菌素乳油3500倍液。对上述药剂产生抗药性的，可选用0.3%苦参碱杀虫剂纳米技术改进型2200倍液，或与联苯菊酯、噻嗪酮、吡虫啉药剂混用防治效果较好。

吡虫啉是一种正温度效应杀虫剂，气温高于25℃时可采用吡虫啉防治，一天中在中午温度较高时施药，可提高其杀虫活性。气温低于25℃以下，可选用拟除虫菊酯类或温度效应不明显的杀虫剂。生产上白粉虱、烟粉虱危害严重时可在定植时，浇灌25%噻虫嗪乳油4000倍液，有效期20～30天。

3. 美洲斑潜蝇

（1）**危害特点**　成、幼虫均可危害。雌成虫飞翔到叶片上并将其刺伤，进行取食和产卵，幼虫潜入叶片和叶柄危害，产生不规则蛇形白色虫道，叶绿素被破坏，影响光合作用。受害重的叶片脱落，严重的造成毁苗。美洲斑潜蝇发生初期，虫道呈不规则线状伸展，虫道终端常明显变宽，有别于番茄斑潜蝇。危害严重的叶片迅速干枯。受害田块受蛀率可达 30%～100%，减产 30%～40%，危害严重的绝收。

（2）**防治方法**　美洲斑潜蝇具有抗药性发展迅速，抗性水平高的特点，给防治带来很大困难，已引起各地普遍重视。各地应严格检疫，防止扩大蔓延。北运菜发现有斑潜蝇幼虫、卵或蛹时，要就地销售，防止把该虫运到北方。严禁从疫区引进蔬菜和花卉，以防传入。

①农业防治　在斑潜蝇危害重的地区，要考虑蔬菜布局，把斑潜蝇嗜好的瓜类、茄果类、豆类与其不危害的作物进行套种或轮作；适当疏植，增加田间通透性；收获后及时清洁田园，把被斑潜蝇危害的残体集中深埋、沤肥或烧毁。棚室保护地和育苗畦提倡全生育期覆盖防虫网，覆盖前清除棚中残虫，防虫网四周用土压实，防止该虫潜入棚中产卵。可选 20～25 目、丝径 0.18 毫米、幅宽 12～36 米的白色、黑色或银灰色防虫网。为节省投入，可采用在棚室保护地入口和通风口处安装防虫网。也可采用灭蝇纸诱杀成虫，在成虫始盛期至盛末期，每

667 米^{2}设置 15 个诱杀点，每个点放置 1 张诱蝇纸诱杀成虫，3～4 天更换 1 次。还可用黄板诱杀。

②生物防治　释放潜蝇姬小蜂，平均寄生率可达 78.8%。喷洒 0.5% 印楝素乳油 800 倍液，或 6% 百部·楝·烟乳油（含烟碱、百部碱、楝素）900 倍液。

③药剂防治　没有使用防虫网的，应适期科学用药。该虫卵期短，大龄幼虫抗药性强，在成虫高峰期至卵孵化盛期或低龄幼虫高峰期用药效果好。生产上应掌握在叶片有二龄前幼虫 5 头、虫道很小时，于上午 8～12 时用药。首选 40% 灭蝇胺可湿性粉剂 4 000 倍液喷施防治，持效期 10～15 天，还可用 10% 溴虫腈悬浮剂 1 000 倍液，或 1.8% 阿维菌素乳油 4 000 倍液，或 1% 苦参碱 2 号可溶性液剂 1 200 倍液，或 4.5% 高效氯氰菊酯乳油 1 500 倍液，或 0.9% 阿维·印楝素乳油 1 200 倍液，或 3.3% 阿维·联苯菊酯乳油 1 300 倍液，或 70% 吡虫啉水分散粒剂 10 000 倍液，或 25% 噻虫嗪水分散粒剂 3 000 倍液喷施防治。斑潜蝇发生量大时，可在定植时用 25% 噻虫嗪水分散粒剂 3 000 倍液灌根。生产 A 级绿色西瓜，每个生长季节、每种农药只准使用 1 次，安全间隔期按 A 级绿色蔬菜标准执行。

4. 红蜘蛛

红蜘蛛的种类很多，但危害西瓜的主要是茄子红蜘蛛，也叫棉红蜘蛛。属蛛形纲蜱螨科。红蜘蛛食性很杂，除危害西瓜外，还危害棉花、高粱、玉米、烟草、豆类、茄子等多种作物。

（1）**危害特点**　红蜘蛛以成螨群集在瓜叶背面吸食汁液进行危害，初受害叶片呈现黄白色小点，后变成淡红色小斑点，严重时斑点连成片，叶背面布满丝网，瓜叶黄萎逐渐焦枯、脱落，严重影响植株的生长发育。

（2）**防治方法**

①农业防治　西瓜收获后彻底清洁田园，秋末和早春清除田边、路边、渠旁杂草及枯枝落叶，结合冬耕冬灌，消灭越冬虫源。注意灌溉和合理施肥。

②药剂防治　及时检查虫情，点片发生时即可开始防治，全园发生时应全面喷药。可选用40%乐果乳油1000倍液喷雾。喷药要均匀，特别要注意喷叶背面。

5.蓟　马

（1）**危害特点**　成虫和若虫在植株幼嫩部位吸食危害，严重时导致嫩叶、嫩梢干缩，影响生长。幼瓜受害后出现畸形，生长缓慢，严重时造成落瓜。

（2）**防治方法**

①农业防治　及时清除杂草，以减少虫口基数。注意调节播种期，尽量避开蓟马发生高峰期，以减轻危害。

②物理防治　提倡采用遮阳网和防虫网，以减轻危害。

③药剂防治　在西瓜现蕾和初花期，及时喷洒5%氟虫腈乳油1500倍液，或2.5%多杀霉素悬浮剂1000～1500倍液，或22%吡虫·毒死蜱乳油1500倍液，或

0.3% 印楝素乳油 800 倍液。

四、物理防虫技术

1. 防虫网覆盖技术

防虫网覆盖栽培，是农产品无公害生产的重要措施之一，对不用或少用化学农药、减少农药污染、生产无公害农产品等均具有重要意义。据报道，蔬菜防虫网在以色列、瑞典、美国、日本等国早已广为应用，在我国台湾使用范围也相当广泛，目前已成为蔬菜尤其是叶菜类栽培的一种新兴模式。

（1）**蔬菜防虫网的防虫原理** 防虫网是采用添加防老化、抗紫外线等化学助剂的优质聚乙烯原料，经拉丝织造而成，形似窗纱，具有抗拉力强度大、抗热耐水、耐腐蚀、耐老化、无毒无味的特点。蔬菜防虫网是用防虫网构建的人工隔离屏障，将害虫拒之于网外，从而收到防虫保菜的效果。应用这项技术可大幅度减少化学农药的使用量。

（2）**合理选用防虫网** 选用防虫网要考虑纱网的目数、颜色和幅宽等，一般宜选用 22～24 目的防虫网。目数太少、网眼偏大，起不到应有的防虫效果；且目数过多、网眼太小，虽能防虫，但通风不良，导致温度偏高，遮光过多，则不利于作物生长。春秋季节和夏季相比，温度较低，光照较弱，宜选用白色防虫网；夏季为了兼顾遮阴、降温，宜选用黑色或银灰色防虫网；在蚜虫和病毒病发生严重的地区，为了驱避蚜虫、预防病毒病，宜选用银灰色防虫网。

选用防虫网时，还要注意检查防虫网是否完整。有菜农反映不少防虫网在购买时就存在破孔现象，所以在购买时应该将防虫网展开，仔细检查防虫网是否存在破孔现象，从而有效避免害虫进入大棚。

（3）确保覆盖质量　防虫网要全封闭覆盖，四周用土压严实，并用压膜线固定牢固；进出大、中棚和温室的门，必须安装防虫网，并注意进出时随即关好。小拱棚防虫网覆盖栽培，棚架高度要明显高于作物，避免菜叶紧贴防虫网，以防害虫由网外采食或产卵于菜叶。用于通风口封闭的防虫网，与透明覆盖物间不能留有缝隙，以免给害虫留出进出通道。生产中注意随时检查、修补防虫网上的孔洞和缝隙。

（4）覆盖形式

①浮面覆盖　空心菜、苋菜、小白菜等夏季叶菜，从播种到收获，在畦面上直接覆盖绿色防虫网；而对夏阳白菜、夏包菜、早花菜等在栽植后 20 天覆盖绿色防虫网，可有效地防止斜纹夜蛾、甜菜夜蛾的危害。同时，还可以防狂风暴雨，减少叶片因风雨受损伤。

②小棚覆盖　是目前推广应用最多的覆盖方式，多用于夏季小白菜的覆盖。小棚架形状依畦宽而异，可做成小平棚，也可做成小拱棚，但棚架高度应高于蔬菜生

长高度。这种方式投入少，易推广，浇灌可从棚外喷淋进去。

③大棚覆盖　夏季利用大棚架，全封闭盖上防虫网，在其内进行夏秋季蔬菜育苗或蔬菜栽培。由于透光通风，阳光、空气和雨水能滋润棚内作物的生长，还能拒害虫于棚外，从种到收全程不揭网，不喷或少喷农药，操作管理也比较方便。

（5）覆盖效果

①调节气温和地温　据试验，覆盖25目白色防虫网，大棚温度在早晨和傍晚与露地持平，而晴天中午则网内温度比露地高约1℃，大棚内10厘米地温在早晨和傍晚均高于露地；而在午时又低于露地。

②遮光调湿　25目白色防虫网的遮光率为15%～25%、低于遮阳网和农膜，银灰色防虫网遮光率为37%，灰色防虫网为45%。覆盖防虫网，早上空气湿度高于露地，中午和傍晚均低于露地。网内空气相对湿度比露地高5%左右，浇水后高近10%，特别适合于夏秋栽培应用。

③防霜防冻　早春3月下旬至4月上旬，防虫网覆盖棚内比露地气温高1℃～2℃，5厘米地温比露地高0.5℃～1℃，可有效防止霜冻。

④防暴雨抗强风　夏季强风暴雨会对蔬菜造成机械损伤，使土壤板结，发生倒苗、死苗现象。覆盖防虫网后，由于网眼小、抗拉力强度大，暴雨经防虫网撞击后，降到网内时已成蒙蒙细雨，冲击力减弱，有利于蔬菜的

生长。据测定，25目防虫网下，大棚中风速比露地降低15%～20%；30目防虫网下，风速降低20%～25%，因而防虫网具有较好的抗强风作用。

⑤防虫防病毒病　覆盖防虫网后，基本上能免除菜青虫、小菜蛾、甘蓝夜蛾、甜菜夜蛾、斜纹夜蛾、棉铃虫、豆野螟、瓜绢螟、黄曲条跳甲、猿叶虫、二十八星瓢虫、蚜虫、美洲斑潜蝇等多种害虫的危害，控制由于害虫的传播而导致病毒病的发生。

⑥增产增收，提高品质　据试验，25目白色防虫网大棚覆盖的产量最高，可增产30%左右。而且网内青菜农药污染少、无虫眼、清洁、少泥，商品性好。收获期比露地提前4～5天。

⑦保护天敌　防虫网构成的生活空间，为天敌活动提供了较理想的生态环境，又不会使天敌逃逸到外围空间去，为应用推广生物治虫技术创造了有利条件。

（6）防虫网覆盖栽培技术要点

①覆盖前进行土壤消毒和化学除草　这是防虫网覆盖栽培的重要配套措施，一定要杀死残留在土壤中的病菌和害虫，阻断害虫的传播途径。小拱棚覆盖栽培，拱棚高度要高于植株的高度，避免叶片紧贴防虫网，使网外害虫采食时产卵于破损叶。注意随时检查防虫网破损情况，及时堵住漏洞和缝隙。

②实行全生育期覆盖　防虫网遮光少，不需日揭夜盖或晴盖阴揭，可实行全生育期覆盖。一般风力不用压

线，如遇 5～6 级大风需上压网线，以防掀开。

③**选择适宜的规格** 根据不同地块、不同作物、不同季节的需求选择防虫网的幅宽、孔径、丝径、颜色等，其中最重要的是孔径。孔径目数过少，网眼过大，起不到应有的防虫效果；目数过多，网眼小，防虫效果好，但遮光多对作物的生长不利。一般较为适宜的防虫网规格为 20～25 目，丝径 0.18 毫米，需加强遮光效果的可选用银灰色及黑色防虫网，银灰色防虫网避蚜虫效果更好。

④**喷水降温** 白色防虫网在气温较高时，网内气温较网外高。因此，7～8 月份气温特别高时可增加浇水次数，保持网内湿度，以湿降温。

2. 黄板诱杀害虫技术

（1）黄板诱杀原理 同翅目的蚜虫、粉虱、叶蝉等多种害虫的成虫对黄色敏感，具有强烈的趋性。经中外科学家多年试验，通过色谱分析确认了某一特殊黄色具有最好诱虫效果。

（2）产品特点 ①绿色环保无公害、无污染，是无公害蔬菜果品生产必备产品。②特殊胶板，特定颜色，诱捕成虫效果显著，可有效降低虫口密度，减少用药，增收节支明显。③高黏度防水胶，高温不流淌，抗日晒雨淋，持久耐用。④双面涂胶，双面诱杀，操作方便，开封即用，省时省力。

（3）黄板使用方法 ①每 20 米^{2}左右挂 1 张黄板，

高度以高于植株 10 厘米为宜，可随植株增高而提升。当植株达到一定高度后，可将黏虫板悬挂于植株之间空隙处飞虫最密集的地方。可根据害虫危害程度增减，原则以黏满害虫为止。温室大棚使用效果最佳，保质期 3 年，存放处温度不超过 50℃。②以预防为主，防治并举，使用时间越早越好，最佳时间为定苗时即挂板，这样不仅可有效控制害虫的繁殖数量和蔓延速度，避免害虫暴发。同时，也可有效地预防害虫传播病害，达到事半功倍的效果。

（4）黄板使用注意事项　①晴天诱集效果明显优于阴天和雨天。②害虫对颜色的趋性在运动时明显强于静止时。③黏胶的主要成分为无毒压敏胶，无毒无害、无农药残留、对人、畜及环境安全。④不要存放于温度高于 50℃地方，防止高温融化导致流胶。

3. 频振诱控技术

频振诱控技术是利用昆虫对不同波长、波段光的趋性，进行诱杀的重要物理诱控技术。利用频振诱控技术控制重大农业害虫，不仅杀虫谱广、诱虫量大、诱杀成虫效果显著，而且害虫不产生抗性，对人、畜安全，可促进田间生态平衡。同时，安装简单，使用方便，符合农产品安全生产技术要求。

（1）防治对象　频振式杀虫灯可以诱杀危害水稻、小麦、棉花、玉米、杂粮、蔬菜、果树、中药材、烟草等作物上的 13 个目、67 个科的 150 多种害虫。

（2）**杀虫灯设置**　杀虫灯布局主要有棋盘式、闭环式、小之字形布局3种方法。棋盘式布局一般是在比较开阔的地方使用，各灯之间和两条相邻线路之间间隔200～240米为宜；闭环式布局主要针对某块危害较重的区域，以防止害虫外迁或为做试验需要特种布局，各灯之间间隔以200～240米为宜；小之字形布局主要应用在地形较狭长的地方，同条线路中各灯之间间隔350米左右，相邻两条线路中两灯之间间隔200米左右，两条相邻线路之间间隔97米左右。一般以单灯辐射半径100～120米来计算控制面积，以达到节能治虫的目的。

（3）**杀虫灯安装**　根据所用的频振灯数和频振灯的用电量，由厂家协助在使用前安装。杀虫灯的安装方法有横担式、杠杆式、三脚架式、吊挂式等。

第十三章
西瓜种植专家经验介绍

一、整枝方式与注意问题

1. 整枝方式

（1）**单蔓整枝** 单蔓整枝俗称"独龙过江"，即只保留1条主蔓，其余侧蔓全部摘除。一般在定植后25～30天，蔓长40～50厘米时，摘除所有子蔓，只留主蔓。采用单蔓整枝，每株在第二雌花节位留1个瓜，通常果实稍小，坐瓜率不高，但成熟较早。该整枝方式适用于长势中等的早中熟品种和进行早熟密植栽培，东北、内蒙古、山西等地部分瓜田采用这种整枝方式。

（2）**双蔓整枝** 双蔓整枝俗称"二马分鬃"，保留主蔓和主蔓基部1条健壮侧蔓，其余侧蔓及早摘除。一般在主蔓3～5节上选留1条健壮侧蔓，其余侧蔓全部摘除。坐住瓜后，如果茎叶生长仍较旺盛，相互遮阴严重，还要打掉多余侧枝。此外，在留瓜节位之上留一定叶片后摘心，侧蔓长势较旺时也进行摘心，以减少营养物质的消耗，促进瓜膨大和提早成熟。当株距较小、行距较大时，主、侧蔓可以向相反的方向生长；若株距较大、行距较小时，则以双蔓同向生长为宜。这种整枝方式管理简便，适于密植，坐瓜率高，早熟栽培或土壤比较瘠薄的地块较多采用。

（3）**三蔓整枝** 除保留主蔓外，在主蔓基部选留2条生长健壮、生长势基本相同的侧蔓，其他的侧蔓予以摘除。留2～3个瓜，坐瓜后一般不再整枝。三蔓式整枝又可分为老三蔓、两面拉等形式。老三蔓是在植株基部选留2条健壮侧蔓，与主蔓同向延伸；两面拉即两条侧蔓与主蔓反向延伸，是在距根部30～50厘米处主蔓上选留2条侧蔓，此法在晚熟品种上应用较多。三蔓整枝坐瓜率高，单株叶面积较大，容易获得高产。该整枝方式在各地西瓜栽培中应用较为普遍，特别适宜南方地区、长势比较旺盛的品种和稀植。

（4）**多蔓整枝** 除保留主蔓外，选留3条以上的侧蔓，称为多蔓整枝。例如，广东、江西等地的稀植地块，每公顷仅种植3 000～4 500株，除主蔓外再选留3～5条侧蔓。华北晚熟大果型品种有采用四蔓式或六蔓式整枝两面拉的方法，每公顷种植4 500株左右。

以上是在保留主蔓条件下的整枝方法，对于生长势强、不易坐瓜的大果型品种，常在6叶期摘顶，以控制植株生长势，其后保留3～4条侧枝，利用侧蔓结瓜。由于侧蔓生长势均衡可同时结2～3个瓜，特大型品种1次通常只坐1个瓜。

2.整枝应注意的问题

西瓜整枝中应注意的问题：一是整枝强度应适当。西瓜以轻整枝为原则，根据分枝数、田间覆盖率灵活掌握。二是分次及时进行整枝。西瓜整枝过早会抑制根系生长；过晚，摘除的枝叶量多，白白消耗了植株的营养，达不到整枝的目的。通常在主蔓长50～60厘米时进行，摘除叶腋发出的侧枝长15厘米左右，随后每隔3～5天进行1次，连续进行3～4次。三是坐瓜以后不再整枝。这是因为西瓜坐瓜后植株长势趋向缓和，瓜已成为养分分配中心，不存在长势太旺的问题；新抽生侧枝上的叶片所制造的同化产物对瓜的膨大有积极的意义，而且有增加后期坐瓜的可能性。四是整枝要与种植密度联系起来，在同一密度条件下整枝与不整枝、单蔓或多蔓整枝，总是蔓多的叶数增多、单株叶面积大、雌花数多，坐瓜数也相应增加。但改变密度以后则是另一种情况，整枝增加了密植的可能性，单位面积的坐瓜数增加，瓜个增大，从而提高了产量和瓜的商品性。五是头茬瓜坐稳后不再打杈，但要及时理顺瓜蔓。在摘瓜和剪除结瓜蔓时，蔓长要保留30～40厘米。操作时注意不可弄乱或碰伤

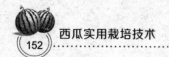
其他瓜蔓、瓜叶及未熟果实，操作人员不能吸烟，以免人为传播烟草花叶病毒病。整枝时间以晴天上午为好，摘瓜时间以晴天下午为好，早晨和阴天不宜整枝和摘瓜。

二、温度管理

1. 保温措施

（1）**棚室封闭严密，避免漏风**　棚膜间叠压缝要宽，要求不少于15厘米，并且叠压紧密；棚膜出现孔洞、裂口时要及时修补，补膜可用透明胶带从膜洞的两面把口贴住，也可用电熨斗把破口粘住。

（2）**多层覆盖**　据观测，在大棚内套小拱棚，可使小拱棚内气温提高2℃～4℃，10厘米地温提高1℃～2℃；在大棚内加设两层膜，即在大棚下面拉上铁丝，在铁丝上搭上薄膜，夜间温度降低时，把薄膜展平遮满顶棚；在大棚外覆盖塑料薄膜、草苫等进行保温。

2. 增温措施

（1）**设防寒沟**　在棚室周围增设防寒沟，沟深50厘米、宽60厘米，内填麦糠、锯木屑、柴草、稻草和煤渣等并踏实，覆地膜后再覆土，可有效阻止棚内地温散失。

（2）**增加"围裙"**　在棚室内侧四周加一道高1.5～2米的薄膜，或用草苫围住，可以提高棚室温度。

（3）**适时揭盖**　草苫要早揭晚盖，使白天温度保持

25℃～32℃、夜间12℃～15℃。只要不下雨，白天即使是阴天，也要全部揭去草苫，尽量增加光照；但久阴暴晴，草苫不可全揭，应隔苫揭盖，以免因光照太强，水分蒸发过多而使植株萎蔫、枯死。

（4）**定植要浅**　栽植时使苗坨与地面平或略高于地面，防止栽得过深。栽后浇埯水，防止大水漫灌。

（5）**用酿热物**　用猪牛粪、鸡粪、米糠、树叶、稻草等酿热物中的微生物分解升温，提高地温。

（6）**修补破损**　棚膜选用耐低温塑料薄膜，提早扣棚或扣棚越冬。认真检查棚膜，发现棚膜有破损处立即修补。

（7）**两侧开沟**　定植以后，在离苗坨两侧5厘米处开沟晒土增温。当地温较高时可在此沟施肥，然后覆盖还原。

（8）**设反光幕**　用镀铝聚酯膜或厚白纸做反光幕，可明显改善光照，提高棚内温度。方法是在棚内后立柱上方拉一铁丝，把反光幕截成2～3米长幅，每两幅联在一起，不用时卷起来。

（9）**电热温床**　在棚室内设置电热温床，可以使土壤保持一定温度。

（10）**调节湿度**　适当通风调节棚内湿度，尽量少浇水，浇水后及时进行通风换气，以降湿增温。

3.**降温措施**

（1）**降低阳光透过率**　遮光具有较好的降温效果，

一般遮光20%～40%，能降温2℃～4℃。通常在夏季光照强且温度高或在移苗后促进缓苗时采用，可采用塑料薄膜抹泥浆法，以及覆盖苇帘、竹帘、遮阳网、普通纱网、无纺布等。

（2）**增大潜热消耗，减少地热贮存**　地面浇井水或喷水，可增大土壤蒸发耗热，生产中应与通风结合进行，以免棚室空气湿度过大。用井水喷淋棚室屋面，也可达到降温效果。

（3）**加强通风换气**　采用自然通风，即在棚膜落地处内侧设80～100厘米高的地裙，将其上部扒缝通风，棚室顶部也需扒缝通风或进行烟囱式通风，促进棚室内外热交换，利于降温。

（4）**汽化冷却**　在炎热夏季，可采用喷雾降温法，即在进风口安装喷雾器，然后用循环水喷洒进入室内，由于汽化需要吸收热量而使温度下降。采用此法，可将32℃空气冷却降温至27℃，但需防止喷雾水滴流入棚室内。

三、光照管理

第一，苗期应使苗床尽可能多地接受光照。若光照不足，幼苗茎细叶薄，容易徒长，根系生长不良，移栽后缓苗慢，生育期延迟。

第二，定植后，在温室后墙张挂反光幕，增加光照度，效果良好；在室内温度能保证的前提下，每天早揭晚盖草苫，以增加光照时数；每天揭开草苫后，均要清洁前屋面，以增加透光度，阴天只要温度不是很低，也要卷起草苫。

第三，提高棚室光照强度的其他措施：一是尽量选用无滴膜，以免因棚膜表面结露珠而影响透光率。二是管理作业时注意保持棚膜清洁，减少灰尘、泥土等附在棚膜上降低光照强度。三是严格整枝，保证棚室顶部和两侧光线能通畅射入，特别是搭架栽培时要使架顶叶片与棚顶保持 30 厘米以上的空间距离。四是棚室内的小棚，待棚内温度稳定后要及时撤除，以保证植株对光强的需要。五是地面覆盖银灰色地膜，以增加近地面反射光强度。六是当早春或阴雨天棚室内光强过低时，也可考虑增加人工辅助光源或装反光板。

四、水分管理

第一，西瓜苗期对水分反应敏感，应严格控制水分。播种前浇透营养钵或苗床底水，覆盖地膜保温保湿，出苗前一般不浇水。出苗后土表出现裂缝，可用湿润细土撒于畦面，阻止土壤水分蒸发，同时也有利于提高土温。真叶展开后，随着苗床温度的提高，通风量增加，蒸发量也增强，应适当补充水分。浇水应在晴天上午进行，可用喷壶喷适量 35℃的温水。移栽前 7 天控制浇水，防

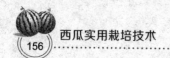
止秧苗徒长，提高秧苗的适应性和抗性。

第二，定植前瓜田浇足底水并覆盖地膜保湿，定植时根据土壤墒情浇穴水，以能湿润根土坨与土壤为宜。移栽后3～4天，根据土壤墒情和秧苗症状，如缺水应点浇缓苗水，避免浇水量过大降低地温，影响根系生长。

第三，进入伸蔓期后，植株需水量增加，浇水量也应适当加大。秧苗"甩龙头"以后，在离植株20～30厘米处开沟浇水，浇水量不宜过大，采用小水缓浇，浸润根际土壤即可。最好在上午浇水，浇后暂不封沟，下午封沟，这种方法通常称为暗浇或偷浇。

第四，结果期植株需水量最大，要保证有充足的水分供应。从坐果节位雌花开放到谢花后3～5天，是西瓜植株从营养生长向生殖生长转换的时期，为了促进坐瓜，这一阶段应控制浇水，植株不出现萎蔫一般不浇水，但土壤不可过干。

第五，幼瓜膨大期，即雌花开放后5～6天浇膨瓜水。由于此时茎叶生长速度仍然很快，所以浇水量不宜过大，以浇水后畦内无积水为度。当瓜长到直径15厘米左右时，正是西瓜生长的高峰阶段，需要大量的水分，一般每隔7天浇1次水，始终保持土壤湿润。在瓜成熟前7～10天，应逐渐减少浇水量，采收前3～5天停止浇水。

总之，西瓜浇水应根据土壤含水量的多少、地下水位的高低、天气的阴晴及气温的高低、植株生长状况等因素，灵活掌握浇水次数和浇水量。

五、土壤管理

1. 土壤消毒

种植西瓜的田块，每 667 米² 用生石灰 100 千克撒施消毒（撒后进行翻耕，与土混匀，生石灰不能连年用）。虫害较多的田块可用土壤杀虫剂进行点施，或全田撒施。

2. 重施基肥

基肥一般每 667 米² 施腐熟农家肥 3 000 千克、磷肥100 千克、硫酸钾 40 千克，或鸡鸭粪 3 000 千克（鲜粪经发酵后用）、磷肥 50 千克、硫酸钾 30 千克。

3. 整地做畦

把肥料均匀地混入土中后，按 2.5～3.5 米进行开畦（包沟）。如果实行套种，瓜路留 1.3 米宽，其余 1.3 米套种其他作物，这样西瓜瓜路用的基肥可减半。若没有硫酸钾，可每 667 米² 用磷酸二氢钾 10 千克代替，则效果更佳。然后把施过肥的瓜路在定植前翻匀整细做畦，畦沟深 20 厘米以上，围沟深 30 厘米，达到雨停水过沟干即可。

4. 应用除草剂

西瓜田由于种植面积大，人工除草非常麻烦。实践证明，覆膜前土壤喷施除草剂然后覆膜封闭，除草效果良好。一般用氟乐灵、异丙甲草胺防治禾本科和马齿苋

等杂草，用地乐胺防治香附子等杂草，用敌草胺防治禾本科和莎草等杂草。

六、施肥技术

1. 施肥应注意的问题

第一，增施有机肥，切忌单一施用化肥。西瓜播种或移栽前，结合整地每 667 米² 施充分腐熟有机肥 3 000～4 000 千克、腐熟饼肥 80～100 千克。在西瓜伸蔓期、坐瓜期，根据长势每 667 米² 追施腐熟人粪尿或沼肥 100～150 千克。切忌单一施用化肥，化肥在西瓜田只能作为补充肥料，绝不能大量施用，以免西瓜含糖量降低，品质变劣。

第二，增施钾肥，切忌过量施用氮肥。增施钾肥对西瓜新陈代谢、碳水化合物合成和运送转化关系密切。可以提高西瓜植株的同化效能，增强抗旱和抗病能力，改善果实品质，提高果品含糖量。一般每 667 米² 用钾肥（不含氮）7～8 千克作基肥，结瓜期每 667 米² 追施钾肥 4～5 千克，可以显著提高西瓜产量和甜度。切忌单一过量施用氮肥，据试验，西瓜在坐瓜前以氮素营养为主，坐瓜后对钾素吸收量剧增。如果过量施用氮素肥料，容易引起蔓叶徒长，延迟开花，甚至不能开花结瓜，且抗病性减弱，西瓜甜度降低。

第三，增施硼肥，切忌施含氯肥料。西瓜适量的增施硼肥，既可有效防止瓜皮过厚和空心，又有明显的增产和使皮薄、肉甜的作用。切忌施用含氯肥料，这是因为西瓜属于忌氯作物，施用含氯肥料后，会影响糖分的积累，使西瓜瓜味变淡，商品性变差。

第四，增施饼肥，切忌过多使用人粪尿。当西瓜果实有鸡蛋大小时，在离主根 10 厘米处挖穴，每株施充分发酵腐熟的饼肥 50 克加硼肥 2 克，封土后浇水。切忌过多施用人粪尿，这是因为施用过多，容易引起植株徒长，坐瓜困难，瓜皮厚、瓜肉味酸。

第五，喷施叶肥，切忌施肥过浅过近。在西瓜伸蔓期和果实膨大期每 667 米^2 叶面喷施 0.5% 磷酸二氢钾溶液 50 千克，每隔 7 天喷 1 次，连喷 3 次，可使甜度提高。在开花前和果实开始膨大时连喷 2 次 0.1%～0.2% 硼砂溶液，可使西瓜增产增甜。西瓜追肥不能过浅和离根过近，追肥过浅，氮素容易挥发，危害叶片，还降低肥效；追肥深度必须达到 10 厘米以上，且用土封盖。西瓜追肥一般要求距主根 10 厘米左右，太近容易烧根，影响植株生长。

2. 追肥方法

（1）**轻施苗肥**　苗期可根据幼苗长势和土壤情况决定是否追肥，土壤肥沃、幼苗生长健壮时，可少施或不施追肥；土壤瘠薄、瓜苗长势较差时，每 667 米^2 可追施尿素 5 千克。如幼苗生长不整齐，可对部分小苗补施适量尿素。

（2）**巧施伸蔓肥**　伸蔓前期追 1 次肥，以长效有机肥为主，加适量速效化肥，以促进植株生长发育，使瓜蔓尽快形成较大群体，为坐瓜和瓜的发育奠定营养基础。具体方法：开始"甩龙头"时，在地膜外侧、距根部 20 厘米处开沟深 10 厘米，每 667 米^{2}施发酵饼肥 35～40 千克、尿素 10 千克、磷酸二铵 5 千克，混合后施入沟里。伸蔓中后期不再追肥，以免植株生长过旺而影响坐瓜。

（3）**重施膨瓜肥**　正常结瓜部位的雌花坐住瓜后、幼瓜拳头大小时，是西瓜需肥量最大的时期，也是追肥的关键时期，要重施肥。此肥为膨瓜肥，以钾、氮肥为主，一般每 667 米^{2}施硫酸钾 20～25 千克、尿素 10～15 千克，或高浓度硫酸钾复合肥 35～40 千克，刨穴施肥后，浇 1 次大水。以后不再追肥，以免西瓜成熟期推迟。后期如果发现瓜蔓有枯黄早衰现象，用 0.2～0.3% 尿素溶液和 0.3% 磷酸二氢钾溶液叶面喷施，可快速补充营养。培土后浇 1 次水。

3. 西瓜施肥七忌

①忌单一施用大量氮肥。西瓜施肥最讲究氮、磷、钾配合，如果单一施用大量氮肥，植株极易徒长，不利于开花坐瓜及果实发育。根据研究，西瓜坐瓜前以氮素营养为主，坐瓜后对钾的吸收量剧增；瓜褪毛阶段氮、钾量基本相等，瓜膨大阶段钾吸收量达到高峰，瓜成熟阶段氮、钾吸收量明显减少而磷吸收量相对增加。

氮磷钾三要素的比例，幼苗期为 3.8：1：2.8，伸蔓期为 3.6：1：1.7，瓜生长盛期为 3.5：1：4.6。②忌施用含氯肥料。西瓜属于忌氯作物，施用含氯肥料（如氯化铵、氯化钾等）会影响糖分积累，使瓜味变淡。③忌过多施用人粪尿。施用人粪尿过多，容易引起植株徒长，致使坐瓜困难，且瓜皮厚、瓜味儿酸。④忌在表土层施肥。西瓜追肥要深施，施后及时覆土。特别是氮肥，如果表施，氮素容易挥发产生氨气，危害叶片，同时也使肥效降低。⑤忌阴雨天气施肥。阴雨天空气湿度大，土壤含水量高，此时施肥，不但肥料易流失，而且容易引起西瓜徒长。⑥忌施肥部位离根太近。西瓜施肥部位，一般要求距主根 10 厘米左右，离根太近容易烧根，影响植株生长。⑦忌干旱时追肥。天气干旱，土壤含水量低，此时施用化肥，会使根系细胞的细胞质溶液向外渗透，导致植株生理缺水而枯死。

七、搭架和吊蔓

1. 搭　架

采用搭架栽培的，先在每株苗旁插 1 根竹竿，再每间隔 50 厘米高用铁丝将每行的竹竿都连起来，每行约连 3 道即可。绑蔓时，使瓜蔓顺着竹竿向上爬，遇到铁丝时再使瓜蔓顺铁丝爬，遇到下根竹竿后再延竹竿上爬，然后顺第二条铁丝折回来。生产中应注意，竹竿上绑 3

道铁丝时最好先从每行的南头（即大棚的前边）绑起，绑4道铁丝时最好从北头绑起，这样可使茎蔓高度北移，延缓前排瓜顶到棚膜上。

2.吊　蔓

采用吊蔓栽培时，先在瓜行上方南北向拉1条铁丝，再垂直吊下塑料绳，将瓜蔓吊在绳的一端，随着瓜蔓的生长使其缠绕上爬。

以上两种绑蔓方法各有优缺点，搭架法可充分利用空间，同时可相对延缓瓜蔓顶到棚膜上，但这种方法成本较高；吊蔓法比较经济，坐住瓜后把瓜放回地面即可，生产中采用较多。

八、倒秧、盘条和压蔓

1.倒　秧

西瓜植株生长到团棵期后，主蔓长20～40厘米时，要将处于半直立生长状态的瓜秧，按预定方向放倒，呈匍匐生长，这种作业在生产上称为倒秧或板根。西瓜伸蔓前期，由于植株正由直立生长过渡为匍匐生长，容易因风吹摇动使植株的下胚轴折断，因此需将植株向南侧压倒使瓜秧稳定。倒秧的具体做法：在植株南侧用瓜铲挖一深、宽各约5厘米的小沟，再将根颈部周围的土铲松。然后一只手拿住植株根茎部，另一只手拿住主蔓顶端并轻轻扭转植株，向南压倒在沟内。将根颈周围的表土整平，用土盖严地膜的破口处。最后在植株根颈处的北侧，用湿土封1个半圆形的小土堆，压紧拍实，迫使主蔓向南匍匐伸长，防止其再直立生长。

2.盘　条

西瓜植株倒秧后，当主蔓伸长达到40～60厘米时，将主蔓和侧蔓分别引向植株北侧，弯曲成半圆形后再将主蔓与侧蔓先端转向南侧压入土中，这种作业在生产上称为盘条。盘条可缩短西瓜栽植的行距，有利于密植，还能控制植株的生长强度，使瓜蔓生长一致，便于栽培管理。中晚熟露地栽培西瓜一般均需进行倒秧。生产中应注意盘条时间，过晚盘条部位叶片多而大，盘条后瓜蔓弯曲处的叶片乱而重叠，恢复正常生长的时间延长，影响植株生长和坐瓜。

3.压　蔓

西瓜压蔓关键技术：第一次压蔓在瓜蔓伸长30～40厘米时进行，方法是顺瓜蔓挖3厘米深、6厘米长的长形坑，把瓜蔓顺入坑内，花和叶留在外面，蔓的先端留10～12厘米不压，其余部分用湿土埋严。第一次压蔓3～5天后，用同样方法进行第二次压蔓。第三次压蔓可采用明压，用土块把蔓压在地面上即可。

九、保花保果

西瓜属于同株异花的虫媒花植物，棚室栽培室内昆虫少，自然授粉困难；同时秋冬茬西瓜雌花分化晚，节间较长，坐瓜困难，所以需要人工辅助授粉。授粉应于晴天上午8～10时进行，把当天开放的雄花花蕊摘下来（不可用前1天开放的雄花）对准雌花柱头涂抹即可。授粉时动作要轻，不要伤及柱头，以免影响雌花发育而形成畸形瓜和僵瓜，甚至坐不稳瓜。

茎蔓徒长不易坐瓜时，可在瓜前3～5节处将瓜秧扭转90°使其受伤。也可以闷尖以抑制营养生长，促进生殖生长。如果室内温度不利于西瓜成熟，应进一步覆盖保温。坐瓜节位以主蔓16～19节最为合适，当幼瓜长至鸡蛋大小时开始选瓜，可按留3选1的方式进行。选瓜需注意：一是看幼瓜，幼瓜特征一定要符合本品种特性。二是看瓜把，瓜把长的瓜型大。三是看瓜形，瓜形端正无伤的商品率高。侧蔓一般不留瓜，若主蔓没坐住瓜可选侧蔓留瓜。当选留的瓜坐稳后，其余雌花、幼瓜全部摘除，以减少营养消耗。

十、提高西瓜外观质量的措施

1.及时进行人工辅助授粉

昆虫传粉受天气影响很大，在阴雨低温天气昆虫活动较少，所以提倡人工辅助授粉。

2.严格进行选瓜定瓜

第一雌花由于节位低，所坐的瓜一般个小、皮厚、品质差、易畸形。因此，在第二或第三雌花坐瓜时，要及时去掉主、侧蔓上的第一雌花结的瓜，在幼瓜鸡蛋大小开始褪毛时进行。若主蔓、侧蔓均有坐瓜，一般保留主蔓上的瓜；若主蔓上所结的瓜不如侧蔓上的瓜好，也可在侧蔓上留瓜。

3. 及时进行垫瓜、翻瓜

当西瓜长到拳头大小时及时进行垫瓜，方法是将瓜顺直平放，然后在瓜下垫草圈或麦秸。也可垫高瓜下的土壤，并将土拍成斜坡，将瓜摆在斜坡上。垫后有利于防止雨水浸泡，促进西瓜果实生长周正。随着西瓜不断生长，逐渐出现该品种的特征和花纹。但瓜着地的一面由于见不到阳光，瓜皮呈白色，影响美观；同时，果实内部发育不均匀，阴面含糖量低，品质差，此时应及时进行翻瓜。翻瓜要在晴天下午进行，应顺一个方向翻，每次转动角度不宜超过30°，避免用力过猛。翻瓜时，一手握住瓜柄，一手扶稳瓜体，双手同时轻轻扭转，一般每个瓜翻2～3次即可。

4. 吊　瓜

让西瓜在离地1.2米左右的高处生长发育，直至成熟。棚室中的光照强度，以地面最低，随着离开地面高度的增加，光照强度随之增加。因此，空中坐瓜，果实部位的光照强度明显高于地面，幼瓜自身光合作用效率高，有机营养积累多，瓜面光亮、色彩鲜明无斑痕，品质好，综合性状显著优于地面坐瓜。

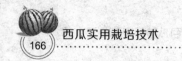

5. 采后处理

西瓜采收后，应按大小、色泽、成熟度进行严格选择，淘汰劣瓜和次瓜，选留标准化商品。参照客户和运输的不同要求，将同一等级的果实归为一类，贴上品牌标志，进行精美包装后上市，以增强市场竞争力，取得较好的经济效益。

十一、延长西瓜结瓜期的措施

西瓜生产中一般只收一茬瓜，如果田间栽培管理好，在第一次收瓜后植株仍然生长健壮或病虫害较轻，近根叶片衰老不严重，则可留结二茬瓜，特别是早熟品种。延长西瓜结瓜期应采取以下措施。

1. 合理整枝摘心

在前期整枝压蔓的基础上，后期摘心要狠，尤其是在营养生长过旺的情况下，必须采取重摘心，以抑制长势。

2. 重施复壮肥

在第一茬瓜采收前2～3天，每667米^{2}喷施增产灵120克；采收后5～7天，每667米^{2}用1袋芸苔素内酯、1袋绿色生命源对水适量（参照说明书）喷施，可使植株不早衰，有利于果实品质和产量的提高。此外，西瓜还可采用割蔓再生的方法，即割去老蔓，促使植株基部潜伏芽再萌发出新的秧蔓，培养其重新结瓜，采用这种方式产量可增加六成以上。

3. 及时防治病虫害

要注意病虫害发生的"中心株"，尽量不要全田喷药，这样既可避免浪费农药和劳力，又可避免杀伤害虫天敌。要尽量使用内吸性和生物农药防治瓜蚜和叶螨类害虫，应采用点片喷雾法控制病害蔓延传播。

十二、提高西瓜甜度的措施

1. 施好有机肥

西瓜坐瓜 15 天后，在距离主根 10 厘米处挖 1 个小洞，每株施鸡羊粪或饼肥 50 克并浇水，然后将口封好。

2. 追施植物油

当西瓜果实长至 500 克左右时，用 1 根小木棍挖 1 个 12 厘米深的小洞，然后滴入 5 滴菜籽油或其他植物油，滴油后用湿土封严洞口，7 天后进行浇水。

3. 喷洒增甜水

用白糖 1 千克、硼砂 30 克、氯化钙 5 克，加水 50 升混合均匀配制糖水。在西瓜膨大期，每 667 米^{2}喷施糖水 45 千克。

4. 定向翻瓜

西瓜生长膨瓜后，每隔 8 天左右定向翻瓜 1 次，翻转角度为 180°。翻转时务必要谨慎，一手扶瓜顶，一手扶瓜尾，用双手轻轻扭转即可。翻瓜能使西瓜在生长

过程中受热均匀，甜度增加。

十三、西瓜施用饼肥的方法

饼肥碳氮比小，施入土壤中容易被分解，具有一定的速效性，是一种迟效、速效兼备的肥料，因而适宜于生长期较长，需氮、磷较多的西瓜施用。

1. 适时施用

无论作基肥还是作追肥，都要适时施用。基肥施用过早，在幼苗前期生长尚未发挥作用时已失去肥效；施用过晚，对幼苗后期生长继续发挥作用，引起徒长、延迟坐瓜，降低坐瓜率。正确施用方法是在定植前10天左右施入穴内。追肥施用过早，容易造成植株徒长，如催蔓肥追施过早，使节间伸长过早过快、叶柄生长过长，而在开花坐瓜需肥时肥效却早已过去。追肥施用过晚，会造成植株早衰和减产。

2. 需粉碎及发酵

饼肥在压榨过程中形成硬块，需粉碎成小颗粒才能施用均匀，并尽快被土壤微生物分解。由于饼肥在被分解过程中能产生大量的热，可使附近的温度剧烈升高。所以，在作追肥时，一定要经过发酵分解后再施用，以免发生烧根。

3. 用量要恰当

饼肥是一种经济价值较高的的细肥，为了尽量做到经济合理地施用，用量一定要恰当。饼肥作基肥每公顷用量一般不超过 750 千克，作追肥每公顷用量一般不超过 1 125 千克。试验证明：每株施饼肥 100 克、150 克及 200 克其单瓜重量差异不大，而施用 50 克或 250 克的则均造成减产。

4. 深浅远近要适宜

饼肥应比化肥施用稍深一些，作基肥施深 25 厘米左右，追肥 15 厘米左右，追肥时不可距根太近或太远。

5. 施用后不可马上浇水

追施饼肥后不可立即浇水，以免造成植株徒长。通常在追饼肥后 2～3 天再浇水为宜，如果在追施饼肥后 2 天内遇到降雨，应在雨后及时中耕划锄。

此外，饼肥较少时，可与其他有机肥混合施用。但不可与化肥混用，特别不能与速效化肥混合施用，以免造成植株徒长或引起烧根。

十四、确定西瓜采收适期的方法

目前生产中判断西瓜成熟度的方法主要有目测法、手摸或拍打法、标记法、比重法等。

1. 目 测 法

果实成熟后，瓜皮坚硬光亮、花纹清晰，果实脐部和果蒂部向内收缩、凹陷，果实阴面自白转黄且粗糙，果柄上的茸毛大部分脱落，坐瓜节位前后 1～2 个节卷须枯萎等，这些均可作为西瓜成熟的标志。

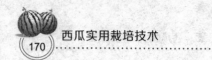
2. 手摸或拍打法

成熟的西瓜用手摸上去有光滑感觉，而未成熟的西瓜用手摸时有发涩感。另外，用手托瓜，敲打或指弹瓜面时，若发出砰、砰、砰的低浊音多为熟瓜；相反，若发出咚、咚、咚坚实音的，则多为生瓜。

3. 标 记 法

以西瓜品种果实成熟需要一定积温及日数为根据，开花授粉后，进行单瓜标记。按各品种成熟所需积温或日数，推算出成熟期。通过标记坐瓜日期和切瓜检查相结合，可以保证所采西瓜达到适宜的成熟度。

4. 比 重 法

成熟西瓜与水的比重在常温条件下是不同的，水的比重为1，而一般成熟瓜的比重为0.9～0.95。将西瓜放入水中观察，若西瓜完全沉没，则表明是生瓜；浮出水面很多，说明瓜的比重小于0.9，西瓜过熟；若浮出水面不太多，则表明是熟瓜。

5. 查看果实所在节位的卷须

一般情况下，西瓜所在节位的卷须及其之上1～2节的卷须枯萎，说明该瓜已经成熟。同时，还需综合藤叶长势进行判断，在养分供应充足、藤叶长势较旺的情况下，有时西瓜已成熟但卷须尚未枯萎；反之，养分供应不足，藤叶长势衰弱，西瓜未成熟卷须则提前枯萎。

6. 抚摸瓜皮，察看皮色

成熟西瓜表面有蜡粉、手感光滑、着地处的皮色由黄白色转为橙黄色。

参考文献

[1] 国家西甜瓜产业技术体系，《中国蔬菜》编辑部. 全国西瓜主要优势产区生产现状（一）[J]. 中国蔬菜，2011，13：5-9.

[2] 国家西甜瓜产业技术体系，《中国蔬菜》编辑部. 全国西瓜主要优势产区生产现状（二）[J]. 中国蔬菜，2011，15：5-8.

[3] 陈春秀，武丹，齐长红，等. 设施西瓜优质生产技术问题 [M]. 北京：中国农业出版社，2011.

[4] 王久兴，齐福高，王一红，等. 图说西瓜栽培关键技术 [M]. 北京：中国农业出版社，2010.

[5] 胡永军，李建春，张秋玲，等. 甜瓜、西瓜大棚技术问答 [M]. 北京：化学工业出版社，2010.

[6] 石明旺，刘广照，郎剑锋，等. 西瓜病虫害防治技术 [M]. 北京：化学工业出版社，2011.

[7] 尚泓泉，张建军，王成荣，等. 安全西瓜高效

生产技术［M］. 郑州：中原农民出版社，2011.

［8］邓云，孙德玺，祝洁，等. 提高西瓜商品性栽培技术问答［M］. 北京，金盾出版社，2009.

［9］马长生，安红伟. 西瓜甜瓜优质高效栽培技术［M］. 郑州：中原农民出版社，2006.

［10］李新峥，蒋燕，王吉庆，等. 蔬菜栽培学［M］. 北京：中国农业出版社，2006.

［11］别之龙，朱进，孙兴祥，等. 西瓜优良品种与丰产栽培技术［M］. 北京：化学工业出版社，2010.

［12］马芝平，林卫强. 西瓜露地栽培技术［J］. 种子世界，2010（7）：42-43.

［13］戴照义. 西瓜安全生产技术指南［M］. 北京：中国农业出版社，2012.

［14］郎德山，马兴云，范世杰，等. 大棚西瓜甜瓜栽培答疑［M］. 济南：山东科学技术出版社，2012.

［15］常高正，张慎璞，杨红丽，等. 不同砧木嫁接对西瓜生长发育及产量的影响［J］. 湖北农业科学，2009，10（48）：2466-2468.

［16］乜兰春，陈贵林. 西瓜嫁接苗生长动态及生理特性研究［J］. 西北农业学报，2000，9（1）：100-103.

［17］王久兴. 西瓜病虫害诊断与防治图谱［M］. 北京：金盾出版社，2014.

［18］刘海河，刘欣. 西瓜优质高效生产技术［M］. 北京：金盾出版社，2015.

［19］徐锦华，羊杏平．西瓜甜瓜设施栽培［M］．北京：中国农业出版社，2013．

［20］苗锦山．棚室西瓜高效栽培［M］．北京：机械工业出版社，2015．

三农编辑部新书推荐

书 名	定 价	书 名	定 价
西葫芦实用栽培技术	16.00	山楂优质栽培技术	20.00
萝卜实用栽培技术	19.00	板栗高产栽培技术	22.00
设施蔬菜高效栽培与安全施肥	32.00	猕猴桃实用栽培技术	24.00
特色经济作物栽培与加工	26.00	桃优质高产栽培关键技术	25.00
黄瓜实用栽培技术	15.00	李高产栽培技术	18.00
西瓜实用栽培技术	18.00	甜樱桃高产栽培技术问答	23.00
番茄栽培新技术	16.00	柿丰产栽培新技术	16.00
甜瓜栽培新技术	14.00	石榴丰产栽培新技术	14.00
魔芋栽培与加工利用	22.00	核桃优质丰产栽培	25.00
茄子栽培新技术	18.00	脐橙优质丰产栽培	30.00
蔬菜栽培关键技术与经验	32.00	苹果实用栽培技术	25.00
百变土豆 舌尖享受	32.00	大樱桃保护地栽培新技术	32.00
辣椒优质栽培新技术	14.00	核桃优质栽培关键技术	20.00
稀特蔬菜优质栽培新技术	25.00	果树病虫害安全防治	30.00
芽苗菜优质生产技术问答	22.00	樱桃科学施肥	20.00
大白菜优质栽培新技术	13.00	天麻实用栽培技术	15.00
生菜优质栽培新技术	14.00	甘草实用栽培技术	14.00
快生菜大棚栽培实用技术	40.00	金银花实用栽培技术	14.00
甘蓝优质栽培新技术	18.00	黄芪实用栽培技术	14.00
草莓优质栽培新技术	22.00	枸杞优质丰产栽培	14.00
芹菜优质栽培新技术	18.00	连翘实用栽培技术	14.00
生姜优质高产栽培	26.00	香辛料作物实用栽培技术	18.00
冬瓜南瓜丝瓜优质高效栽培	18.00	花椒优质丰产栽培	23.00
杏实用栽培技术	15.00	香菇优质生产技术	20.00
葡萄实用栽培技术	22.00	草菇优质生产技术	16.00
梨实用栽培技术	21.00	食用菌菌种生产技术	32.00
设施果树高效栽培与安全施肥	29.00	食用菌病虫害安全防治	19.00
砂梨橘实用栽培技术	32.00	平菇优质生产技术	20.00
枣高产栽培新技术	15.00		

三农编辑部新书推荐

书　名	定　价	书　名	定　价
怎样当好猪场场长	26.00	蜜蜂养殖实用技术	25.00
怎样当好猪场饲养员	18.00	水蛭养殖实用技术	15.00
怎样当好猪场兽医	26.00	林蛙养殖实用技术	18.00
提高母猪繁殖率实用技术	21.00	牛蛙养殖实用技术	15.00
獭兔科学养殖技术	22.00	人工养蛇实用技术	18.00
毛兔科学养殖技术	24.00	人工养蝎实用技术	22.00
肉兔科学养殖技术	26.00	黄鳝养殖实用技术	22.00
肉兔标准化养殖技术	20.00	小龙虾养殖实用技术	20.00
羔羊育肥技术	16.00	泥鳅养殖实用技术	19.00
肉羊养殖创业致富指导	29.00	河蟹增效养殖技术	18.00
肉牛饲养管理与疾病防治	26.00	特种昆虫养殖实用技术	29.00
种草养肉牛实用技术问答	26.00	黄粉虫养殖实用技术	20.00
肉牛标准化养殖技术	26.00	蝇蛆养殖实用技术	20.00
奶牛增效养殖十大关键技术	27.00	蚯蚓养殖实用技术	20.00
奶牛饲养管理与疾病防治	24.00	金蝉养殖实用技术	20.00
提高肉鸡养殖效益关键技术	22.00	鸡鸭鹅病中西医防治实用技术	24.00
肉鸽养殖致富指导	22.00	毛皮动物疾病防治实用技术	20.00
肉鸭健康养殖技术问答	18.00	猪场防疫消毒无害化处理技术	22.00
果园林地生态养鹅关键技术	22.00	奶牛疾病攻防要略	36.00
山鸡养殖实用技术	22.00	猪病诊治实用技术	30.00
鹌鹑养殖致富指导	22.00	牛病诊治实用技术	28.00
特禽养殖实用技术	36.00	鸭病诊治实用技术	20.00
毛皮动物养殖实用技术	28.00	鸡病诊治实用技术	25.00
林下养蜂技术	25.00	羊病诊治实用技术	25.00
中蜂养殖实用技术	22.00	兔病诊治实用技术	32.00